首届全国生态文明学术研讨会
暨第五届全国生态文明建设与区域创新发展战略学术研讨会论文集

生态文明 研究进展

（第一辑）

主　编／成金华　邓宏兵
副主编／吴　磊　吕志祥　杨树旺　白永亮

经济管理出版社
ECONOMY & MANAGEMENT PUBLISHING HOUSE

图书在版编目（CIP）数据

生态文明研究进展（第一辑）/成金华，邓宏兵主编. —北京：经济管理出版社，2020.8
ISBN 978 - 7 - 5096 - 7308 - 9

Ⅰ.①生…　Ⅱ.①成…　②邓…　Ⅲ.①长江经济带—生态文明—文集　Ⅳ.①X321.25 - 53

中国版本图书馆 CIP 数据核字（2020）第 139167 号

组稿编辑：申桂萍
责任编辑：申桂萍　韩　峰
责任印制：任爱清
责任校对：陈晓霞

出版发行：经济管理出版社
　　　　　（北京市海淀区北蜂窝 8 号中雅大厦 A 座 11 层　100038）
网　　址：www. E - mp. com. cn
电　　话：(010) 51915602
印　　刷：三河市延风印装有限公司
经　　销：新华书店
开　　本：720mm×1000mm/16
印　　张：15. 25
字　　数：291 千字
版　　次：2020 年 8 月第 1 版　2020 年 8 月第 1 次印刷
书　　号：ISBN 978 - 7 - 5096 - 7308 - 9
定　　价：68. 00 元

前 言

党的十八大以来，生态文明建设和创新发展成为我国的重大国策。为推动生态文明建设和创新发展的研究工作，在中国区域科学协会和中国区域经济学会的大力支持下，中国区域科学协会生态文明研究专业委员会和中国区域经济学会区域创新专业委员会分别于 2015 年 6 月 21 日、2017 年 4 月 29 日成立。

2015 年 6 月 20~21 日，在中国地质大学（武汉）召开了中国区域科学协会生态文明研究专业委员会成立大会暨首届全国生态文明建设与区域创新发展战略学术研讨会，会后编辑出版了会议论文集《生态文明建设与区域创新发展战略研究（第一辑）》。2016 年 7 月 29~31 日，在昆明理工大学召开了第二届全国生态文明建设与区域创新发展战略学术研讨会，会后编辑出版了论文集《生态文明建设与区域创新发展战略研究（第二辑）》。2017 年 4 月 28~29 日，在湖南商学院召开了中国区域经济学会区域创新专业委员会成立大会暨第三届全国生态文明建设与区域创新发展战略学术研讨会，会后编辑出版了论文集《生态文明建设与区域创新发展战略研究（第三辑）》。2018 年 5 月 18~20 日，在北京林业大学召开了第四届全国生态文明建设与区域创新发展战略学术研讨会，会后编辑出版了论文集《生态文明建设与区域创新发展战略研究（第四辑）》。2019 年 6 月 21~23 日，在兰州理工大学召开了首届全国生态文明学术研讨会暨第五届全国生态文明建设与区域创新发展战略学术研讨会，会后编辑出版了论文集《生态文明研究进展（第一辑）》。《生态文明研究进展（第一辑）》是《生态文明建设与区域创新发展战略研究》系列论文集的继承和发扬，从 2019 年起更名为《生态文明研究进展》。

论文集的出版得到了湖北省区域创新能力监测与分析软科学研究基地的大力支持和经费资助，得到了经济管理出版社的大力支持，一并致谢！

中国区域科学协会生态文明研究专业委员会
中国区域经济学会区域创新专业委员会
2019 年 10 月 1 日

目　录

第三篇 绿色发展

第四篇 生态保护与高质量发展

第一篇　理论探索与思考

习近平生态文明思想下的绿色发展与区域环境治理研究

葛舒阳

（西北民族大学，甘肃兰州，730030）

摘　要： 生态文明建设至关重要，关乎人民的生存、民族的未来。党的十八大以来，习近平总书记更是将生态文明建设放在一个关键的位置，他高度重视生态文明建设，将其正式融入"五位一体"的总体布局，彰显了生态文明建设的重要战略地位，并提出建设"美丽中国"宏伟目标。党的十九大，习近平总书记站在新时代历史方位和战略基点，对生态文明建设进行了全面总结和重点部署，提出了新变革、新要求、新目标，创新性地提出将人与自然和谐共生作为新时代中国特色社会主义建设的一个基本方略，并将"美丽"纳入社会主义现代化强国建设的战略目标，更好地实现了"五位一体"总体布局与社会主义现代化建设目标的对接。全国生态文明建设以及绿色发展，离不开区域环境治理的扶持与带动，只有各地区环境保护事业做到点、线、面的全面协调可持续，将社会主义建设的宏伟目标更好地纳入全社会范围内的环境保护行动，才能在新思想的带动下实现美丽中国的建设。在目前我国的环境政策大背景下，环境污染"重灾区"所暴露出来的问题依然严峻，关于区域环境治理的问题仍需强有力的法律及相关政策的监督。基于此，本文将主要阐述生态文明思想下的绿色发展相关概念与区域环境治理研究之间的协调问题，为区域环境治理研究献上拙策。

关键词： 生态文明思想；绿色发展；环境治理

作者简介：葛舒阳（1993—），女，河南洛阳人，西北民族大学环境与资源保护法学研究生，研究方向为环境立法与环境法学。

1　生态文明思想与绿色发展的内涵和本质

1.1　生态文明思想的内涵和本质

生态是指生物体与环境相适应的状态。笔者认为人们对生态文明的认识有一个由浅到深、由点到面的过程。早期人们提到的生态文明，主要是指人与自然关系良好的状态。渐渐地，人们发现生态环境问题其实是一个复杂的问题，它涉及的不仅是人与自然的关系，而且是人与社会或者人与人之间的关系，于是便有了广义的生态文明。狭义的生态文明是指在人类利用自然以造福自身的过程中，遵循自然规律，使人与自然和谐共生，以实现可持续发展的总状态。广义的生态文明是在工业文明的基础上，提倡发展绿色工业、生态产业，追求人、自然、社会和谐共荣，全面、可持续发展的一种新型文明形态。

作为一种新的文明形态，生态文明是人类文明发展进程中的重要文明标志，是社会发展到一个新的阶段的重要标志，即社会发展由工业文明迈进现代文明的一个新标识。生态文明建设与我们每一个人都有着必然的联系，与国家长久发展兴盛的大局有着必然的联系。不同时期党的领导人都对生态文明建设提出过不少建设性的理论和方案，习近平总书记更是在继承前人经验教训的基础上对生态文明建设提出了许多远见卓识。经过长时间的实践检验和思想积淀，习近平生态文明建设思想坚持和发展了马克思主义生态观，丰富了中国特色社会主义理论体系的内容，已经形成了系统、科学、完整的体系，目前得到了理论界和人民的普遍认同。

1.2　绿色发展的内涵和本质

任何社会都无法回避人类的生存与发展问题。发展生态文明并不是要忽视经济发展，它只是将以前处于次要地位的生态保护提到与经济发展同等重要的位置上一并进行考量。生态文明要求发展循环经济、低碳经济、绿色经济，强调人们在开发资源、利用环境的过程中，要注意爱护自然、节约资源。

中华人民共和国成立初期，为了尽早走出贫困，党和国家领导人借鉴苏联发展的经验，支持重工业优先发展。其结果是虽然中国工业化程度得到了很大的提高,但是这种过快追求工业发展的模式,导致了对自然资源的过度开采,同时对很多地方造成了严重的环境污染,也给生态环境带来了重创。党的第一代领导集体发现问题后积极采取有关措施,以减轻生态环境恶化的趋势。例如,20世纪50年代初,毛泽东视察黄河,在目睹、听闻黄河泥沙俱下的凄惨境遇之后,曾动员群众在西北黄土高原植树造林、种草、修梯田、建水库。1956年,毛泽东发出"绿化祖国"的号召,广大人民群众积极参与"绿化运动"。1973年,《关于保护和改善环境的若干规定(试行草案)》文件发布,这是中华人民共和国第一部综合性的环境保护法规,因而成为我国环境保护立法的起点。

绿色发展是我国在新时期对发展方式的必然选择,也是对发展方式的伟大变革。绿色发展究其要义,就是要解决好人与自然之间关系的问题,是一种以资源能源的高效利用、人与自然和谐共生、发展的可持续性为目标的经济增长方式和社会发展模式。党的十八大以来,习近平总书记在不同场合先后发表了100多次关于生态文明建设的重要讲话,其中蕴含了诸多绿色发展方面的深意。习近平关于绿色发展的论述以环境承载能力和资源容量为前提,在传统发展模式基础上推陈出新,创造性地提出了一种环保与发展相协调的新举措,形成了丰富的思想内涵。

2 国外区域环境治理的经验与借鉴

2.1 美国的区域环境治理经验

美国生态环境治理及其制度体系的建构,暗示了美国对环境问题的治理正由以前的政府被动应对向政府主动干预转变。主要体现为立法权、司法权与行政权的多管齐下、协同作用。生态治理是一个系统工程,需要不同的国家权力机关充分发挥其在社会事务管理中的职能作用,各司其职,互相配合,方可形成治理合力。立法机构提供良好、充分的生态制度供给,执法机构积极确保生态法令在现实中得以有效地运行,司法机构为法令的实施提供必要的司法支持并在一定程度上修正、创设新的生态法律。摒弃生态治理的立法崇拜、行政中心主义,政府的公共权力机构协同作用,履行国家的公共服务职能,促成州际生态问题"善治"的实现。

我国与美国在跨区域生态治理方面有相似之处：在国土面积上同属于幅员辽阔的大国，地方有相应的自主权，而且我国正处于美国曾经历过的工业化发展所造成的环境危机频发的阶段。因此，我国的跨区域生态治理要在立足国情的基础上，积极借鉴国外区域生态治理的经验，在实现国民经济可持续发展的同时，探索出适合自身的生态治理道路。

美国州际生态治理对我国跨区域生态"善治"的启示体现在两个方面：①在宏观层面上，我国的跨区域生态治理要实现传统的环境管制与府际合作治理的统一；②在具体治理方式上，规范区域行政协议的制定与实施，完善市场参与治理，注重发挥司法在跨区域生态治理中的调节作用，以及创新跨区域生态治理组织。立足现有的国家治理体制，借鉴美国州际生态治理体系的经验，我国要实现区域生态协同发展应当广泛开展府际生态合作治理，将环境管制与府际合作治理有机结合起来，既要深化行政体制改革，整合生态执法主体，相对集中执法权，推进综合执法，着力解决权责交叉、多头执法问题，建立权责统一、权威高效的生态行政执法体制，也要积极促进、鼓励、保障各个地方政府之间开展规范的生态合作治理。

2.2　日本的区域环境治理经验

70 多年以来，日本生态治理的手段从一开始的以命令控制为主逐渐拓展到了命令控制、经济激励和社会管理三者相互交替。日本政府在 1994 年、2000 年、2006 年和 2012 年分别公布了《第一个环境基本计划》《第二个环境基本计划》《第三个环境基本计划》《第四个环境基本计划》。在这些基本计划的指导下，日本的生态治理得以从地区文化和人力资源中吸取成长所需的营养。2003 年《提高环境保护积极性促进环境教育法》颁布，在政府提供良好制度保障的条件下和政府充裕的财力支持下，日本的环境教育正朝着综合教育、终身教育、国际教育的目标靠近。

日本的生态治理能够取得突出成绩主要得益于社会公众的广泛参与。日本政府将环境权益法律化并在政策制定过程中加入了社会参与程序，使社会制衡的作用得到强化。在日本的生态治理中，政府、企业和居民之间能够就生态环境保护问题进行有效的交流和互动，广大社会公众和企业参与治理的意愿与能力都比较强。

3 协调我国绿色发展与区域环境治理的建议

3.1 企业积极向绿色发展、循环发展、低碳发展转型

如今我国已经在逐渐改变以往环境保护滞后于经济发展的现实困境，理念上更加重视以环境保护优化经济发展。党和国家领导人提出应促进绿色发展、循环发展和低碳发展的观点，这样的发展方式更有利于节约资源和能源，进而可以减少人类对大自然的影响。

企业是生态治理中部分法律政策的关键落实主体。因为部分企业在生产物质产品或输出服务的同时，会给环境带来污染。遵守环境法律和法规，对企业来说是应该的，也是必须的。当前一些企业家为履行好生态环境责任，自觉主动地响应国家号召，对企业进行改造升级，改变其以往依靠能源高投入、资源高消耗的粗放型发展方式，增加知识和技术的投入，提高其发展的质量。近些年来，我国一些地方开展的生态农业、生态工业、生态旅游业等取得了不错的成绩。此外，我国地域广阔，水能、风能、太阳能、地热能、海洋能、生物质能等资源比较丰富，当前我国对这些绿色动力资源的开发利用总量已位居世界前列。

3.2 提高公民生态意识、增加社会公益环保活动

缺少广大人民群众支持的生态治理犹如空中楼阁，任何时候公民参与都是生态治理的基础保障。在人们受教育的水平不断提高，党和国家领导人对生态文明日益重视，政府和非政府环境组织对生态环境知识不断进行广泛宣传、教育的时代背景下，通过耳濡目染、潜移默化等方式，公民对于生态环境问题的认识越来越深刻、理智。

3.3 规范中央与地方权责划分制度

在落实区域生态保护补偿机制上，应明确中央与地方政府权责，努力实现区域合理分权与中央合理集权动态平衡，保证中央权限、区域权限与地方权限的合理有效分配。政府在生态补偿方面应该发挥主导作用，应以中央政府补偿为主，中央与地方合理分工，辅之以地方间的横向补偿。在中央政府方面，应提升中央

对一般性财政转移支付的力度，推进基本公共服务均等化、促进区域协调发展、保障各项民生政策顺利落实。

3.4　加强生态型政府建设

政府作为生态治理中最重要的主体，其组成人员生态观念的强弱对生态治理的效果有重要影响。政府成员应主动学习生态知识、不断强化生态理念。首先，重视"污染预防"原则。政府应当根据生态文明的要求，自觉地向生态型政府转变，任何时候都不要忘记人与自然应当和谐共生这一客观规律，要在保护环境的前提下理性地开发资源。政府在决策时应当充分考虑其决策是否有利于生态环境的保护。政府应科学合理地安排经济、社会的发展指标与生态环境的发展指标，要使生态治理"污染预防"原则的落实真正始于政府决策之前。其次，执行"污染付费"原则。对于生产环节中的违规生产行为、社会生活中的肆意污染行为，政府有关部门要严肃执法过程，认真落实生态监管责任。在生态治理中，政府要定期和不定期地进行检查，对造成环境污染或生态破坏的企业或个人坚决予以惩罚。最后，对于生态环境的监管信息，政府应做到主动、及时公开，为公民相关知情权和参与权的落实提供便利条件。

参考文献

［1］习近平．习近平谈治国理政［M］.北京：外文出版社，2014.

［2］习近平．决胜全面建成小康社会夺取新时代中国特色社会主义伟大胜利：在中国共产党第十九次全国代表大会上的报告［M］.北京：人民出版社，2017.

［3］林晓磊．生态文明视域下的生态危机及其对策研究［D］.东北林业大学硕士学位论文，2011.

［4］张剑．中国社会主义生态文明建设研究［D］.中国社会科学院研究生院博士学位论文，2009.

［5］宋全超．中国生态文明建设问题路径研究［D］.河北经贸大学硕士学位论文，2014.

［6］徐冬青．生态文明建设的国际经验及我国的政策取向［J］.世界经济与政治论坛，2013（6）.

［7］高国荣．美国现代环保运动的兴起及其影响［J］.南京大学学报，2006（4）.

［8］刘毅，杨宇．中国人口、资源与环境面临的突出问题及应对新思考［J］.中国科学院院刊，2014（2）.

［9］国务院发展研究中心，施耐德电气．以创新和绿色引领新常态：新一轮产业革命背景下中国经济发展新战略［M］.北京：中国发展出版社，2015.

［10］卢洪友．外国环境公共治理：理论、制度与模式［M］.北京：中国社会科学出版社，2014.

［11］黄成华，葛巧玉．中国特色社会主义生态文明建设路径研究［J］.长春大学学报，2017（3）.

［12］柯伟，张劲松，吕海涛．原子化：公民参与生态治理的障碍及破解［J］.福州大学学报，2016（5）.

生态文明下的环保众筹：
功能、挑战、完善

张耀天

（兰州理工大学法学院，甘肃兰州，730050）

摘　要： 面对资源约束趋紧、环境污染严重、生态系统退化的严峻形势，我国已经树立起尊重自然、顺应自然、保护自然的生态文明理念，要坚持走可持续发展道路。在党的十九大报告中，生态文明建设被提升为"千年大计"，我国的发展目标也发生了变化，改为"到本世纪中叶把我国建成富强民主文明和谐美丽的社会主义现代化强国"。这样的改变与进步充分体现了社会主义生态文明建设的地位和重要性。构建绿色发展经济体系、建立绿色金融体系是生态文明建设的必然要求和根本要意。而"环保众筹"是互联网金融助力环保发展的一种新兴形式，本文通过分析我国环保众筹的现状以及存在的问题，试图探索相应的完善方案和策略，使环保众筹在发展的过程中越加稳健，更好地推进绿色金融体系在我国的建设和完善，进一步推进我国生态文明建设的发展。

关键词： 生态文明建设；互联网金融；环保众筹；功能；挑战；完善

作者简介：张耀天（1991—），女，河南省南阳市人，兰州理工大学法学院硕士研究生，主要研究方向为社会治理法制。

1　环保众筹的内涵、特征与功能

1.1　环保众筹的内涵

环保众筹是指以生态环境修复、环境污染治理、环境质量改善等为目的，以网络平台为载体，由项目发起人面向社会不特定大众筹集环保项目所需资金的活动。环保众筹就是以传统众筹为基础，将互联网金融与环保发展结合起来的一种新形式，其目的是生态环境的保护与治理。依照是否具有公益属性，可将环保众筹分为两大类：环保公益众筹和环保商业众筹。环保公益众筹，顾名思义是公益性质的众筹，属于非营利性、不求回报的众筹，例如，发起环保创意、征集环保公益项目等。环保商业众筹，依照发起者对投资者回馈方式的不同，分为债券众筹、股权众筹、回报众筹三种主要类别，主要通过宣传与推广环保类产品和服务，间接起到环境保护的作用。

2019年初，中国互联网络信息中心（CNNIC）发布的第四十三次《中国互联网络发展状况统计报告》显示，截至2018年12月，我国网民规模已达到8.29亿，互联网普及率达到59.6%。"互联网＋"利用通信技术和互联网平台将互联网和传统行业进行深入融合，把互联网的创新成果融合于经济等各个领域当中，形成了广泛的以互联网为基础设施和实现工具的经济发展新形态。"互联网＋"是互联网思维的进一步实践成果，不仅为改革创新和发展提供了广阔的网络平台，也为社会经济实体注入了新鲜的血液，带来了新的活力。它像一个拥有无限潜力的未知，这个"＋"后面承载着无限的可能，它代表着一种全新的发展业态和希望。

1.2　环保众筹的特征

环保众筹具有专一性的特点。我们首先来看环保公益众筹，相对于传统的公益融资方式，互联网环保公益众筹具有开放性和项目多样性的特点。《中华人民共和国慈善法》第三条对何为"慈善活动"作出了不完全列举，其中第五项为"防治污染和其他公害，保护和改善生态环境"，由此可以看出，环保公益众筹具有专一性的特点。其主要是指由自然人、法人和其他社会组织以捐赠财产或者提供服务等形式，自愿开展的以防治污染、保护环境和改善生态为目的的活动。环保商业众筹也是以保护和改善生态环境为目的的商业活动，因此，环保商业众筹也具有专一性的特点。

环保众筹具有社交属性。可以说互联网众筹的属性都可以在环保众筹中得以体现。现如今，众筹方式的多样化使大众接触众筹活动的渠道越来越多，QQ空间、微信朋友圈、微博等社交平台都可以作为环保众筹活动的载体，传播量大大增加，吸引了更广泛的群体参与到环保众筹活动中。同时它也使环保众筹的参与主体年轻化，因为互联网上的活跃主体为"80后""90后"，互联网的传播方式更符合他们接受和传播新鲜事物的习惯。

环保众筹的跨时间和空间属性。互联网架起了全国乃至全球信息互通的桥梁，它的实时交互性、资源共享性、超越时空性使人们可以迅速、及时地了解全球各地的新事件。对于环保众筹项目的发起者而言，依托互联网平台，可以迅速将自己的项目推广到世界各地，时间短、受众广；对于社会大众而言，无论你身在何处，只要在网络平台上看到了自己感兴趣的众筹项目，都可以通过指尖操作参与其中。

1.3　环保众筹的功能

环保众筹将互联网、众筹和环保结合起来，是一种全新形式的跨界融合。"互联网＋众筹"本身就是对传统金融业态提出的全新挑战，且在一定意义上具有颠覆性，互联网众筹又与环保结合起来，是互联网众筹在环保方面的具体化。

环保众筹利用互联网的优势，借助大数据为融资渠道提供了新的模式，同时利用互联网的传播优势，能够将社会各个层次人群的资金整合起来。无论是社会名流还是普通百姓，人人都可以成为参与者，人人都可以成为投资人，对创新创业也具有积极的促进作用。

当然，环保众筹最重要的功能和作用就是利用互联网金融助力环保事业的发展。将众筹这种金融创新模式与环保创意结合，并利用互联网的优势，进行线上线下传播，使社会大众共同参与新的环保创意、研发新的环保产品、倡导环保社会实践、征集环保公益项目、筹集环保资金，将绿色生活的理念贯彻到实践当中，这样每个人都会树立起强烈的生态意识，参与到环境保护的新行动中去。由此形成的社会力量将大力推动我国环保事业的发展。

2 我国环保众筹面临的挑战

2.1 法律保障不够完善

我国环保众筹起步相对较晚，虽然生态文明建设已经纳入国家发展总体布局，但有关部门并没有制定出与环保众筹融资监管有关的专门规范性文件，从而使该行业面临诸多的法律风险，得不到法律的有效保护。这意味着一旦出现问题，有关部门可能无法及时给出合理的解决途径，这必然会引发社会矛盾，不利于网络、金融和社会环境的稳定以及环保众筹的发展。

2.2 监管主体缺失

我国于 2016 年 3 月通过，同年 9 月正式实施的《中华人民共和国慈善法》规定慈善活动的监管主体是民政部门——第六条明确规定：国务院民政部门主管全国慈善工作，县级以上地方各级人民政府民政部门主管本行政区域内的慈善工作；县级以上人民政府有关部门依照本法和其他有关法律法规，在各自的职责范围内做好相关工作。但显然在环保众筹的实施过程中，仅有民政部门的监管是不够的。《中华人民共和国慈善法》只规定了公益众筹这一监管对象，在环保众筹中还有一类属于非公益众筹，即环保商业众筹，此时生态环境部作为我国统一行使生态环境监管职责的主要部门，理应承担起相应的监管职责，使环保众筹的运行更规范。

2.3 社会参与度不够，社会大众的环保意识仍需提高

研究环保公益活动的实践发现，环保众筹的参与者局限于少数的环保人士，也就是一些有心于生态环境保护的志愿者。首先，互联网平台的传播优势没有很好地体现出来，互联网众筹的大众参与性特点没有被发掘到位，这样就会使得项目执行率低，引发由于众筹资金不到位而导致的环保众筹活动的夭折。这不仅会使环保众筹项目本身失败，也会打击付诸行动的环保志愿者的信念。其次，缺少专业的环保人士对项目进行指导和监管。仅凭志愿者们的一腔热血是不够的，没有科学有效的执行方案和风险防范预案，不仅会浪费志愿者们的精力，还会浪费

一定的社会资源，导致事倍功半的效果。

3 对我国环保众筹的发展建议

完善相关法律法规，确立制度先行，为环保众筹的规范实施保驾护航。让日后的执行工作有法可依，有据可循。环保众筹的范围、法律适用范围、实施环保众筹的具体程序以及监管等都需要国家及相关部门制定出一系列法律法规，这些规范性法律文件不仅是执法者日后在执法过程中的依据，也指引着环保众筹活动的实施者，什么可为，什么不可为，是环保众筹活动规范实施的有力保障。

确立环保众筹活动的主要监管部门及相关职责。明确生态环境部为环保众筹的主要监管部门，明确生态环境部门的责任和权力，与民政部门配合，对环保众筹项目进行监督和扶持。无论是环保公益众筹还是环保商业众筹，从众筹活动发起到落地都予以严格监管。各平台内部应该对资金筹备计划、筹备进程、筹备结果、支配方式、剩余资金的用途制定出公开、透明、严格的执行制度，便于环保众筹活动参与者及时了解和监督所筹资金的流动情况。

提升社会大众的环保意识。保护环境、保护生态文明是每一个公民的责任。当今社会盛行的可持续发展理论产生于西方，但其实我国古代就已经出现了可持续发展的思想。孟子最早提出"不涸泽而渔，不焚林而猎"；老子也认为自然界应该是和谐的，"人道"应顺应"天道"，一切应师法自然。所以有了著名的"人法地，地法天，天法道，道法自然"。我们的先辈早在两千多年前就将可持续发展的观念参悟，生活在现代文明社会的我们理应比古人领悟得更深刻和透彻，并付诸行动将可持续发展理念践行久远。生态环境是人类文明存在和发展的基础，说到底保护生态环境是在保护人类自己，地球是人类赖以生存的家园，但人类只是地球上繁杂生态系统中渺小的一部分，所以保护生态环境，保护人类赖以生存的家园，是我们每一个地球人义不容辞的责任。应该加强环保宣传教育，让环保意识深入人心，让环保行动成为人们的自觉行为，呼吁更多的人参与到环保众筹活动中来，为保护生态环境贡献自己的力量。

我国的互联网金融已由快速发展阶段转入规范发展阶段，这也为"互联网＋环保众筹"提供了一个相对安全的发展环境。2016 年 8 月 31 日，中国人民银行、财政部、国家发展改革委、环境保护部、银监会、证监会、保监会印发《关于构建绿色金融体系的指导意见》指出，发展绿色金融是实现绿色发展的重要措施，也是供给侧结构性改革的重要内容。要通过创新性金融制度安排，引导和激励更多的社会资本投入绿色产业，同时有效抑制污染性投资。环保众筹可以说是绿色金融的一种尝试，同时也是互联网金融模式的一次创新，以互联网金融助力生态环境保护的模式在我国充满着机遇和挑战，相信通过相关法律法规的约束和指引、监管部门的有力监管和指导、社会大众的积极参与和推动，这种新的模式能在我国积极向上发展，为生态环境保护作出贡献。

参考文献

［1］杨艳军，郭毅光．绿色众筹投资者参与行为影响因素研究［J］.企业经济，2018，37（10）：19－28.

［2］王炽鹏，刘嘉．环保众筹浅议［J］.合作经济与科技，2018（4）：64－65.

［3］杨睿宇，马箫．社交媒体公益众筹的特点及其可持续发展研究［J］.西南政法大学学报，2018，20（3）：99－107.

［4］袁毅．中国公益众筹发展现状及趋势研究［J］.河北学刊，2017，37（6）：154－158.

［5］于少青，王芳．环保众筹模式下社会资本参与环境治理研究［J］.改革与战略，2017，33（3）：38－41.

［6］杨睿宇，马箫．网络公益众筹的现状及风险防范研究［J］.学习与实践，2017（2）：81－88.

［7］陈蕴恬，葛察忠．中国"环保众筹"的长尾效应分析［J］.生产力研究，2016（10）：28－30，49.

［8］翁智雄，葛察忠，陈蕴恬，等．中国环保公益众筹发展研究［J］.环境与可持续发展，2015，40（6）：39－43.

跨行政区流域环境治理

常丽霞　王依娜

（兰州理工大学法学院，甘肃兰州，730050）

摘　要： 随着我国经济发展速度提升，流域的区域性和结构性污染愈加突出，水环境安全问题日益严重，特别是跨省界水体污染事件频频发生，引发公众高度关注。我国跨行政区流域上中下游地区发展不平衡、利益冲突激烈，引发许多社会问题。尽管国内也开始尝试跨行政区之间的协同治理，但是由于缺乏完善的法律政策的引导以及有效的执法监督管理体制的规制，跨行政区的流域环境治理难度非常大。本文以我国跨行政区流域环境治理现状为立足点，从治理困境与解决途径两个维度对我国的跨行政区流域环境治理进行探讨，寻找兼顾治理与绿色发展的长效治理机制。

关键词： 跨行政区；流域污染；治理缺陷；机制完善

我国对跨行政区流域环境的治理，采用的是以水利工程为主、立法规划治理为辅，以各地政府间协调磋商为主要手段的治理模式。在这个过程中，相关领域立法还未形成统一连贯的体系，执法手段也并不完善，同时还缺乏科学系统的顶层设计的指导。例如，纠纷解决机制的运行、流域污染责任的认定、后续治理责任的归属、治理过程中的流域沿岸经济发展模式的选择、经济发展产业的取舍等

作者简介：常丽霞（1972—），女，甘肃定西人，法学博士，兰州理工大学法学院教授，主要研究方向为环境资源法、习惯法；王依娜（1992—），女，甘肃兰州人，兰州理工大学法学院硕士研究生，主要研究方向为环境法，邮箱：13893632206@163.com。

基金项目：甘肃省高等学校科学研究战略项目"祁连山国家自然保护区建设国家公园相关问题及实施方案研究"（2017F－008）；甘肃省科技计划项目软科学专项"新时代下甘肃省环境监管体制研究"（18CX1ZA016）。

都有待于进一步的探讨和研究。从各国和地区的实践来看，构建跨行政区流域环境治理制度是生态环境保护的关键制度选择。研究跨行政区流域环境治理制度，应立足于生态系统服务价值，统筹生态保护成本、发展机会成本，用政府和市场手段寻找调解流域沿岸利益相关者之间利益分配的良性发展兼顾长远治理模式的公共政策。

1　问题的提出

1.1　我国流域环境问题现状

2004 年沱江"3·02"特大水污染事故，因为大量高浓度工业废水流入沱江，导致四川省五个市区近百万群众陷入无水可用的困境，直接经济损失高达 2.19 亿元。2006 年，湖南岳阳县城饮用水源地新墙河砷超标 10 倍，经查是因为上游化工厂的工业废水日常性排放致使大量高浓度含砷水流入新墙河。2011 年 12 月，江西铜业排污祸及下游，江西德兴市下属的多家矿山公司被曝常年违规排污乐安河，造成的污染祸及下游乐平市九个乡镇 40 多万群众。

1.2　习近平生态文明思想的提出

近年来，我国的经济飞跃性发展推动我国的 GDP 持续上升并最终达到全球第二。一直以来，为了缩小与发达国家的差距，提高人民生活质量，我们都以提升 GDP 为主要的发展目标。但是伴随着飞速的经济发展，环境问题一次次为我们敲响警钟，环境事件群体性的现象表明生态环境与生产发展之间的矛盾现在已经成为我国经济发展的弊病。习近平总书记发表了一系列关于生态文明建设的讲话，逐步形成了以绿色为基调的生态文明思想。党的十八届五中全会将绿色发展、创新发展、协调发展、开放发展、共享发展共同作为新时期的五大发展理念，指导我国经济社会的建设。

1.3　研究意义

研究跨行政区流域环境治理机制的意义在于以下几点。首先，有利于促进跨行政区流域环境治理方式的创新，为全国各地开展治理提供指导借鉴。跨行政区流域环境的治理是一个从流域沿岸政府到企业到公民全面协同合作的整体性治理环节，这需要借鉴国外良好的运行治理机制，并结合我国的地域特色，对跨越不同行政管辖区域的流域实行大体一致、精抓特色的治理。其次，有利于推动完善跨行政区流域环境治理方面的立法进程以及严格执法的探索，跨行政区流域环境治理离不开科学合理的法律制度的规制、指导与保障。最后，研究跨行政区流域环境治理以及绿色发展模式有利于推动区域协同发展，维护社会安定及生态平衡。

2　国内外研究现状

2.1　国外研究现状综述

发达国家由于经济发展较早，出现负效应也相对较早。国外的跨行政区流域污染问题的出现远远早于我国，因此，国外更早开始对于跨行政区流域环境治理的探索，积极开展地区与国家间的合作。正是由于这样，国外在跨行政区流域环境治理方面积累了丰富的经验，不仅解决了自身跨行政区域环境的治理问题，也成功合作了跨国界的流域污染治理，值得我们学习和借鉴。

国外学者通过整合经济学领域、公共事务管理领域中的相关理论，提出了流域管理的理论，同时借鉴了府际合作的有益观点，立足长远和发展对跨行政区流域环境治理提出了相对应的建议。

国外治理跨行政区流域环境问题的措施之一是立法保障，通过法律强制力保证流域管理机构的绝对权威，使流域管理机构合法履行自己的职能，统筹全流域的发展，理清权责，整合协调整个流域的管理事务，以保证流域管理事务的顺利进行。例如，英国、法国等通过颁布基本水法来完善本国的法律体系。此外，国外还大力推行公众参与的跨界水污染防治。Han（2005）认为，公民对于水质的高需求是促进瑞典水环境保护的中坚力量，因此公民对流域环境的治理有重要的推动作用，而非单纯的坐享其成的受益者。Patricia 和 Perkins（2011）通过和巴西、加拿大等地的大学与非政府组织进行合作，以公众参与为切入点，对流域管理进行了研究。通过对流域和当地流域管理机构的走访调查，并对结果进行综合分析，提出了扩大公民参与的设想。同时，经过研究分析提出公众参与科学性、民主性的要求，提倡关注公民的切身利益，避免由于沟通不足产生的信任危机。

综上，国外关于跨行政区流域环境治理理论以及实践的研究已经比较成熟，其治理的内涵就是通过流域所跨不同行政区政府之间的利益博弈、协同合作对整个流域的污染起到联合治理、联合防控的作用，同时也通过治理来改变流域沿岸发展模式，改变传统的产业等，从而达到绿色发展。作为有效治理跨行政区环境、实现流域可持续发展以及保护流域水生态环境的重要手段，跨行政区流域污染联合治理手段被广泛推行。依托于法律法规的强制力保障，以经济手段为主，结合区域间政府协同合作，实现跨行政区流域环境的有效治理防控。通过生态补偿的方式，为流域上游筹集生态环境治理资金。国外关于跨行政区流域环境治理的成熟理论和科学实践手段以及系统全面的法律保障机制，为我国完善跨行政区流域环境治理制度提供了理论基础和机制借鉴。

2.2 国内研究现状综述

我国跨行政区流域污染已经成为痼疾，传统的属地管辖治理方式已经无法有效地防控治理这一严重的水污染问题。所以对于创新跨行政区流域环境治理制度的研究非常紧迫。国内学者对跨行政区流域环境治理的研究始于 21 世纪，对其含义、机制以及实践模式等领域进行了有益探索，并在相关理论、方法和实践领域取得了不同程度的进展和成果。尤其是近几年，社会各界对建立跨行政区流域污染联防联治机制的呼声越来越高，学界对该领域的研究也开始发生新的变化。除继续关注跨行政区流域污染联防联治相关概念、理论基础以及存在的问题之外，完善跨行政区流域污染联防联治法律保障机制也成为研究热点。

针对完善跨行政区流域治理的方式，王灿发（2005）在其发表的论文《跨行政区水环境管理立法研究》中提出解决跨界水事纠纷的构想，包括完善跨界水事管理政策、水事管理法律法规、水事管理机制和体制、公众参与机制等，从而构建一个良治社会。而针对跨行政区流域污染治理的困境，陈坤（2014）提出，我国跨行政区流域污染治理存在体制上的困境与制度上的困境交互影响的问题，二者互为因果，制约了我国跨界水污染的防治。这种制度上的冲突主要体现在：水权制度设计不协调；水资源保护制度设计存在缺陷，如政府责任追究机制缺失；社会与公众参与机制缺乏、排污收费与交易制度不合理；水事纠纷处理机制不完善；利益补偿制度缺位；经济处罚责任机制不完善；水污染救助制度不完善；配套制度缺乏等。正是这些制度上的缺陷，造成了我国水污染防治久治不愈。关于完善跨行政区流域污染联防联治法律保障机制，蔡守秋（2002）在跨行政区的环境资源纠纷方面提出了完善措施，为了提高处理跨行政区水环境资源纠纷的效率和效益，建议我国对现行处理跨行政区水环境资源纠纷的方法和制度进行改革和创新。首先，创设兼顾和优化效率与公平的行政处理制度。其次，明晰水权，通过水环境资源市场机制解决跨行政区水环境资源纠纷。最后，发展集团诉讼、公民诉讼，发挥人民法院处理跨行政区水环境资源纠纷的作用。

综上所述，从现有的国内文献来看，我国学界近年来结合我国国情及环保形势对我国跨行政区流域环境治理进行了有益的、深入的研究，并取得了不错的成果。然而，无论是选择立法层面作为切入点，还是立足政府协同角度，虽然这些研究实际分析的路径不完全相同，但仍是在我国跨行政区流域环境治理模式的范围内作有限讨论，没有立足于我国不同地区不同流域的实际状况，没有用全新的思维揭示我国跨行政区流域环境综合治理的相应法律保障机制。

第一，对于跨行政区流域环境治理研究，视野主要局限于跨行政区流域污染治理的技术层面或者具体治理措施，对跨行政区流域环境治理相关立法方面的研究较少。当前的学理研究对相关法制和社会实践的反映不精准，突破性不足。立法规定对于地方实践具有有效的引导作用，法律漏洞将会是地方开展跨行政区流域环境治理的最大障碍，因此有必要进一步加深立法方面的研究。

第二，缺乏对跨行政区流域环境治理的执法机制的研究。执法程序引导着执法机关在跨行政区流域环境治理过程中积极履行自己的职能。科学、合法、严格的执法程序对于提高跨行政区流域环境治理效率具有重要的意义。而我国在跨行政区流域环境治理执法机构设立方面的缺陷降低了我国处理这类问题的时效性和可行性。因此，对我国跨行政区流域环境治理执法机制的研究是非常必要的。

3 跨行政区流域环境治理面临的困境

治理跨行政区流域污染是跨行政区流域环境治理的重要落脚点。所谓跨行政区流域污染，就是跨越了行政规划区域的水流污染，主要表现为同一流域或邻近流域分属于不同行政管辖区因水体移动所带来的环境污染，多表现为一个地区的排污行为导致了另一地区的污染结果或者一个地区的污染结果蔓延至另一个地区。我国跨行政区流域环境治理有许多困境，下文将一一阐述。

3.1 行政机构之间合作的制度障碍

各行政区内政府虽然已经有合作的合意，也签署了两地政府间合作协议，但是缺乏统一的、可实施的合作战略。龙朝双（2007）指出，阻碍我国行政合作的因素主要有四点：一是地方保护主义，二是地区间恶性竞争，三是利益补偿机制的欠缺，四是地方干部绩效考核体系。这四个因素是相互关联的，由于地方干部绩效考核机制的存在，一些干部会盲目追求政绩和发展，从而导致地方保护主义和地区间的恶性竞争，公平对等的利益补偿机制就更难运行了。王勇等（2017）也认为，由于行政区域的划分，政府对流域的管理治理显示出了很大的独立性，不仅独立其中，而且存在利益冲突和竞争。在水域管理和利用上存在许多"多龙之水"的局面。（跨界流域治理姑溪河）这同样也是导致流域沿岸绿色发展模式难以推行的原因之一。因此，想要流域沿岸的政府以及行政机构开展良性的协同合作，必须要有顶层政策制度的支持和引导，宏观方面需要国家完善顶层设计，使行政区政府之间有统筹协调发展的机制，在处理问题时，有据可循，有法可依。

3.2 现行法律法规漏洞

现行法律存在的漏洞也是我国跨行政区流域环境治理难度更大的原因。①对于跨行政区水环境管理没有单独的立法规定，关于这一问题的法律规制只是零散的见于其他法律或者相关法律性文件中。②缺少结合我国七大水系不同地理环境、经济发展状况的客观现实，具有针对性的单行立法。③《中华人民共和国环境保护法》将流域水污染联防联控机制的适用范围定在跨行政区域的重点流域，但是缺乏对于重点流域的明确界定，这导致在实践中"重点"一词被实施者代入了主观性从而自己选择是否适用联防联控，缩小了联防联控的适用范围，使这项制度在我国流域污染治理中发挥的作用力度不够。

3.3 执法体制缺陷

我国跨行政区流域污染治理执法体制存在的缺陷也是该项工作效率得不到提高的根源所在。①我国专门的流域管理机构并无法律明确授予的执法权。流域管理机构从根本上来说不是独立的行政机构，因此在管理时容易受到地方政府行政意志的支配，缺乏自身的独立性。这导致流域管理机构即使发现了污染流域的行为也无权管辖、处罚以及指导流域沿岸企业。②执法监督机制不健全。现实中多存在没有形成监督合力、监督缺乏针对性、没有形成常态化监督等问题。有权力监督的机关（例如检察院）一般只对构成犯罪的行政执法活动进行监督，媒体和群众的监督通常是一种事后监督，而且这种监督能否进行一般取决于前期是否获取了这一舆论信息。如果信息没被披露，则不可能被监督。③跨行政区流域环境治理行政执法能力不强。这主要体现为执法队伍整体素质不高。虽然近年来国家对该领域内人才的培养加大了幅度，整个执法队伍的专业人员数量有了大幅提升，但是这些专业人员主要集中在城市，越是污染严重的地方，越需要这些专业人才的技术指导和辅助，而往往这些污染严重的地方因为经济发展水平落后、环境质量差而失去了对人才的吸引力。这使得很多地方执法队伍的素质一直无法得到有力提升，有些执法人员责任意识不到位，甚至充当污染者背后的保护伞。

3.4 公众参与机制作用不足

我国流域环境治理的公众参与度还不够。从管理者角度来说，我国跨行政区流域治理是宏观层面的问题，有些政府官员甚至并不认可公众参与的作用。从社会角度来看，我国民众对"公地悲剧"理论的体会和理解还不够深刻，对有关公共利益的事情，很多人都持观望甚至逃避的态度。此外，有关公众参与跨行政区流域环境治理，政策法律也没有明确的规定。

4 完善跨行政区流域环境治理机制

4.1 完善立法，更新流域立法理念

依据流域统一立法，根据不同的流域特征，制定符合本流域地理特征、经济特征的法律。跨行政区流域环境的治理，虽立足于跨行政区流域污染治理，但并不局限于此。流域不仅能提供水资源，还包含了以水为载体的渔业、动能航运、旅游等功能。所以流域相关立法应立足长远，统筹全流域的发展，不仅要"治标"治理流域污染，还要"治本"使流域经济良性绿色发展。完善立法，需要立法时更具体，同时听取专家意见，使法律更加具有操作性。

虽然与我国水资源保护相关的各个单行法律都以实现可持续发展为目的，但是它们在具体实践中的效果却并不理想。因为行政区域内的官员需要考虑在任政

绩，所以往往忽视对生态环境的不良影响。而对外还有地方保护主义以及地区之间恶性竞争的影响，从而导致地方政府领导忽视建设生态文明的重要性。社会的"善治"有赖于掌权者的理念，因此决策者只有改善自身的执政观念，摒弃狭隘的利益价值观，才能为流域环境管理提供更完善的法律和政策支持。

4.2 健全跨行政区流域环境治理执法管理体制

首先，赋予流域管理机构一定的权限，使其具有协调管理的职能权限，进一步将流域管理机构作为整个流域整体性管理的机构，增强其在流域环境治理中的作用。因为被赋予了管理的权限，流域管理机构有了独立的行政地位，可以避免其在管理工作中受到同级或上级相关机构的干涉。同时，在流域环境治理的过程中，应该明确部门权限的划分。我国跨行政区流域环境治理行政执法的主体较多，分工不清，职能混杂，因而各个行政执法机关在履行职能时经常出现互相推脱责任的情况。因此，明确分工能够极大地提升流域管理的效率，明确各个机构在跨行政区流域环境治理中的权责定位，有助于细化工作流程，形成合力执法的共同目标。其次，强化对跨行政区流域环境治理的监督。强化监督不仅要加强监督机关的职权，同时还应当在跨行政区流域环境治理执法机关内部进行自我监督。有效的内部监督有助于规范跨行政区流域环境治理执法活动。最后，发挥社会监督的职能。消除社会监督滞后的弊端，保障媒体披露信息的及时性以及群众的知情权。对披露信息媒体进行正确的指导，使媒体的报道客观、真实，便于公众及时获得准确的信息并进行监督执法活动。

4.3 创新"共赢"的政府间合作机制

不仅国际经济政治的大格局要求多边双向共赢，国家内部不同地区间也是如此。在流域管理中想要实现共赢，唯有联合才是可行之径。行政合作规划机制就是可供选择的路径，我国部分地区已经开始试行该机制，例如成都、广州等。所谓行政规划，是指行政机关为将来一定期限内达成特定之目的或实现一定之构想，事前就达成该目的或实现该构想有关之方法、步骤或措施等所为之设计与规划。而行政合作规划并非简单的行政主体的规划，它更重视行政主体间的协商合作，这种合作既可以通过传统的行政协商会议实现，也可以通过国家设置新的行政组织机构来促成。但是从本质上来说，它也是行政规划的一种，其基本原则和遵循的理念以及所要依托的手段都和行政规划一致。资源配置的安排则是行政合作规划中的重点。通力合作寻求可以同等划分蛋糕的合理资源配置途径。流域资源的配置离不开对流域资源权属的分配，例如水权、排污权等。王勇等认为，现有水权的划分制度是以牺牲环境为代价的，因此对水权的重新分配要考虑流域各方面，就生产、生态用水以及生产用水内部的水资源分配利用必须协商沟通，达成合理利用和水权的最优配置。就我国现状来说，水权重新分配的可操作性不强，局部区域的水权交易是更加符合实际的做法。水权交易就是各地政府在相关法律法规规制下结合实际用水的需求协商沟通，从而得到优化资源配置结果的过程。因此，如何创新流域政府间良性合作共赢机制对于我国跨行政区流域污染治理有着重要的意义。

4.4　加强公众参与机制的作用

我国法律赋予了每一个公民对环境污染的监督权，但是我国公众参与制度起步较晚。公民在行使其监督权时，经常没有有效的参与渠道以及具体的法律依据。让民众加入跨行政区流域环境治理行动，提高了民众获知政府信息的便利性。同时公众的参与，更加有利于监督流域的污染源，从而降低了管理监督的成本。加强公众参与机制的作用要通过以下几个方面：首先，要树立公民参与的意识，无论是位居决策者的政府或是作为参与者的群众，都要树立公众参与的意识。执政者不能认为公众参与是形式，参与者不能以为自己是多管闲事，应重视科普教育，使公众参与深入人心。其次，扩大公众参与的途径。公众参与可以贯穿整个治理过程，事前可以参与项目评估，事中可以监督企业与管理机关，事后可以监督执法机关的行为。同时也可以在公示企业环保信息的前提下，结合环保理念选择产品。最后，通过制定与完善相关法律来保障公众参与的合法性，同时规范公众参与的程序，也可以通过给予奖励等方式鼓励公众参与到跨行政区流域环境治理中来。

我国环境污染事件尤其是流域污染事件频发，公众已经意识到了建设生态文明的重要性，在此期间习近平生态文明建设思想的提出更是为我国发展提出了新的方向，我国的流域环境治理得到了极大的改善。我国的流域管理长期以来一直奉行属地管理规则，一条河流流经多地，使我国河流的"公地悲剧"愈演愈烈。其中治理难度之大，不仅因为我国幅员辽阔、河流众多且沿岸经济发展不平衡，我国在此方面治理基数大，更是因为我们从宏观到微观都有许多的不足，这些不足使我们在跨行政区流域环境治理过程中遇到很多困境。但是，建设生态文明，跨行政区流域环境治理是必经之路。我们必须针对困境寻找切实可行的改善之道，维护我国流域的生态安全与稳定。

参考文献

［1］陈坤．长角三角跨界水污染防治法律协调机制研究［M］．上海：复旦大学出版社，2014：103．

［2］唐华俊．中国土地资源可持续利用的理论与实践［M］．北京：中国农业科技出版社，2000（5）：19．

［3］翁岳生．行政法［M］．北京：中国法制出版社，2000．

［4］李德光．我国跨行政区流域水污染治理的影响因素研究［D］．湖南大学硕士学位论文，2016．

［5］王勇，罗保宝．跨界流域治理中地方府际协作机制研究——以菇溪河为例［J］．学理论，2017（10）．

［6］康京涛．论区域流域水污染联防联控的法律机制［J］．宁夏社会科学，2016（2）．

［7］王灿发．跨行政区水环境管理立法研究［J］．现代法学，2005（5）．

［8］蔡守秋．论跨行政区的水环境资源纠纷［J］．江海学刊，2002（4）．

［9］龙朝双．我国地方政府间合作动力机制研究［J］．中国行政管理，2007（6）．

［10］高而坤．谈流域管理与行政区域管理相结合的水资源管理体制［J］．水利发展研究，2004（6）．

［11］百度文库．中国十大水污染事件［EB/OL］．https：//wenku.baidu.com/view/8ce57701172ded630a1cb608.htm.

［12］H. D. Friend，S. S. Coutts. Achieving Sustainable Recycled Water Initiatives through Public Participation ［J］. Desalination，2006（1）．

［13］Patricia E. ，Perkins. Public Participation in Watershed Management：International Practice for Inclusiveness ［J］. Physics and Chemistry of Earth，2011（36）．

可持续发展视域下生物遗传资源获取与惠益分享制度研究

——兼论《生物遗传资源获取与惠益分享管理条例（草案）》

王睿哲　　胡雪薇

（兰州理工大学法学院，甘肃兰州，730050）

摘　要：保护遗传资源不仅是保护战略资源的一部分，而且是保护生物多样性的重要组成部分，对可持续发展有很大的影响。一些发达国家没有经过遗传资源权利人的许可同意，利用自己的技术优势，提取遗传资源，将其转化为自己的专利技术，大大损害了遗传资源权利人的利益，不利于遗传资源的保护。作为遗传资源丰富的国家，中国更应该注重遗传资源的保护。尽管我国已出台了《生物遗传资源获取与惠益分享管理条例（草案）》，对遗传资源的获取和惠益分享等事项作出了规定，初步建立了一个遗传资源保护的框架，但是规定的内容不够全面，还需要进一步细化。本文分析了国内外对遗传资源的获取和惠益分享制度的法律规定，探讨了该草案的进步之处，并对草案提出了一些改进建议。

关键词：遗传资源；惠益分享制度；生物多样性；可持续发展

可持续发展是一种重视长远发展的经济增长模式，指既满足当代人的需求，又不损害后代人满足其需求的发展。如果生物多样性减少，那么必将影响人类的生存环境，而且会减少后代人的生存、发展机会，影响社会的可持续发展。所以，保护生物多样性对可持续发展具有重要的意义。遗传资源多样性是生物多样性的重要组成部分，故遗传资源保护对可持续发展也有举足轻重的作用。

作者简介：王睿哲（1995—）法律硕士，兰州理工大学法学院研究生；胡雪薇（1995—）法律硕士，兰州理工大学法学院研究生，主要从事知识产权法研究。

1 生物遗传资源保护与可持续发展的关系

1.1 生物遗传资源是可持续发展的基础

保护生物遗传资源对维持生态系统的平衡有很大的作用。在整个生态系统中，物种与物种之间相互制约，相互依存，形成一个稳定的生态结构。一旦一种甚至多种物种灭绝，生态系统平衡被打破，其他物种也会受到影响。例如，在森林中，狼群被消灭了，鹿群因失去天敌而大肆繁殖，进而导致鹿群的健康素质下降，在一次瘟疫中，鹿群全军覆没，而森林也受到了破坏，造成环境恶化，最终影响人类。所以，生态系统被破坏，不仅会影响植物、动物，而且会影响人类的生存和发展环境，进而影响人类的可持续发展。

保护生物遗传资源就是保护人类生存和发展的原料。人体所必需的一些营养物质需要遗传资源来提供，比如人体所必需的维生素 C，需要由各种水果来提供，如果缺少维生素 C，人类的抵抗力会下降，导致出现败血症等，使人们难以生存下去。一些生物遗传资源还为人们提供了研究原料，人们通过研究遗传资料，能够改良生物品种或者增加生物产量，例如袁隆平的杂交水稻、通过中药材研究出来的各种中药制剂等。生物遗传资源为人类的发展提供了动力，有利于人类的可持续发展。

1.2 可持续发展理念推进生物遗传资源保护

运用可持续发展理念指导遗传资源的保护工作。生物多样性的减少造成了一些严重的后果，人们也意识到了生物多样性对于可持续发展的重要性。政府运用可持续发展的理念，制定了一系列保护遗传资源的政策，例如建立了许多国家公园和自然保护区、将生态保护纳入国民教育体系等。这样有助于保护生物遗传资源。

生物遗传资源的保护与可持续发展相互作用。应当保护生物遗传资源，实现资源的可持续利用；需要利用可持续发展的理念指导生物遗传资源的保护工作。

保护生物遗传资源有很多种方法，笔者从遗传资源获取与惠益分享制度的角度来探讨。遗传资源获取与惠益分享制度可以为遗传资源提供者带来相应的利益，使他们有充足的资源来维持遗传资源的存在，也有利于遗传资源获取者更好地进行遗传资源的研究，其对改进生物资源发挥了很大的作用，使人类能够更好地生存、发展，达到可持续发展的目的。

2　遗传资源获取与惠益分享制度国际条约的发展

遗传资源获取与惠益分享制度主要指的是，当遗传资源的获得者需要获得并利用其遗传资源时，应当征得提供者的同意，并协商获取遗传资源的条件，保证分享利益的公平性。对此，国际公约也有规定。1992 年，《生物多样性公约》首次明确了自然资源的国家主权原则，国家有权决定是否取得遗传资源，而且还首次在国际公约中加入了遗传资源的获取和惠益分享制度。虽然，《生物多样性公约》提出了遗传资源的获取和惠益分享制度，但是只是原则上的规定，不够具体，实施困难。2002 年，《波恩准则》对遗传资源的获取与惠益分享的程序进行了细化，强调了获取者获取遗传资源需要征得提供者的同意等。总体上看，《波恩准则》是《生物多样性公约》中原则性规定的充实细化，更有可操作性，为世界各国对遗传资源的保护和未来的国际立法提供了建议。但《波恩准则》不具有强制性，无法律约束力，大大削弱了遗传资源的保护力度，不能很好地发挥制度的作用。因此，世界各国特别需要出台一部有法律约束力的文件，《名古屋议定书》就此产生。2010 年，《名古屋议定书》以公平公正地分享利用遗传资源为目标，对遵约机制、适用范围、遗传资源的获取和惠益等进行规定，对《生物多样性公约》所提供的遗传资源的获取与惠益分享的框架进行进一步完善充实，将一些自愿性义务转化为强制性义务。而且，还要求缔约国的国内法与之相匹配，并要求缔约国积极履行相应的义务。总体上有，《名古屋议定书》在很大程度上促进了遗传资源的保护，但是，它也存在一些缺陷，例如"获取"的定义不明确、忽略了时间范围等，需要加以完善。

2016 年我国成为了《名古屋议定书》的缔约国，这既是一个机遇，更是一个挑战。《名古屋议定书》要求缔约国修改完善国内法，加大国内的行政、执法和司法力度，使其与国际制度相接轨。为此，我国应积极地履行相应的承诺，健全相关的法律法规，并配套相应的组织机构来管理。我国是一个遗传资源非常丰富的国家，充分发挥遗传资源获取和惠益分享制度的作用，将会使我国生物技术和经济的发展实现重大的突破。

3 遗传资源获取与惠益分享制度研究现状概述

3.1 确定遗传资源的权益主体

黄渊琦（2018）认为将农业遗传资源的主体确定为集体比较合适，主张由集体组织行使权利，保证其权利的实施。刘敏、吴俊认为应当确定一个专门的组织，来代表遗传资源的提供者行使权利，从而更好地维护公平。王敬敬认为结合我国国情，应当将少数民族与国内村集体纳入权益主体中，维护其应有的权益。

3.2 完备遗传资源获取程序

马旭（2016）认为应对遗传资源获取所遵循的事先知情同意规则进行细化分析，提出了遗传资源获取不仅要征得遗传资源提供者的同意，还要征得政府的同意，这样政府可以为遗传资源的获取把关。但是，为了避免政府的过度干预加大遗传资源研发的难度，政府的许可不能太严格，除非涉及公共利益方面。此外，政府应当减少不合理、不必要的程序，为当事人获取遗传资源提供便利。

秦天宝（2008）认为，首先，应明确规定事先知情同意程序，使当事人有法可依，有据可循；其次，该程序应当使当事人更方便地获取遗传资源，比如国家可以制定一些遗传资源的获取指南等；最后，事先知情同意程序应对获取限制具备充分的理由和相应的法律依据。

3.3 完善遗传资源惠益分享程序

闫海和吴琼（2012）认为获取者和提供者可以通过订立合同的方式，来确定双方的权利与义务。需要重视非货币惠益和长期惠益的取得，这对我国的科技进步有一定的作用。可以建立国家信托基金，将所得的一部分惠益返还到遗传资源的实地保护上。

王敬敬（2014）认为我国在出台关于生物多样性的综合法律之前，可以出台一部遗传资源保护的专门性法律。在机构设置上，可以建立一个专门负责遗传资源获取和惠益分享的跨部门管理机构，各部门给这个机构让渡部分职权，由其进行统一管理。在执法和监督方面，应当设立多个检查点，全面监测遗传资源获取后的使用情况。国家应该制定共同商定条件下的合同范本，鼓励遗传资源的提供者和获得者使用，同时，国家应该审查所签订的合同，保证惠益分享的公平性。国家也可以提供遗传资源获取和惠益分享的指南，让人们能够更方便地了解遗传资源的获取程序。

赵富伟等（2017）认为需要明确对违法获取遗传资源的行为人的惩罚措施，这样可以对意图非法获取遗传资源的行为人产生震慑作用。

4 我国《生物遗传资源获取与惠益分享管理条例（草案）》的进步性

《生物遗传资源获取与惠益分享管理条例（草案）》分为七章，包括总则、监督管理、生物遗传资源的获取、惠益分享、出境管理、法律责任与附则，形成了一个比较完整的关于遗传资源获取和惠益分享的架构。草案的内容也相对完善和具体，规定了相关的权益主体、组织管理机构及其职责，遗传资源获取和惠益分享的程序、内容及相关的配套措施等。

4.1 第一部遗传资源保护专项立法

《生物遗传资源获取与惠益分享管理条例（草案）》是我国第一部遗传资源保护专项立法。在该草案出台之前，尽管关于遗传资源的规定在各个法律中都有出现，如《森林法》《种子法》等，而且大都是关于生物资源的立法，遗传资源也可以适用，但是，遗传资源有其特性，有些问题是不能通过生物资源立法来解决的。

4.2 明确相关权益主体

第一，确定由国务院环境保护主管部门会同国务院相关主管部门指定的集体管理组织对已登记的生物遗传资源相关传统知识（以下简称传统知识）进行管理，还规定传统知识集体管理组织代表传统知识持有人与获取者签订获取和惠益分享协议，收取相应的管理费，剩下的惠益交由传统知识持有人。由指定的集体管理组织管理已经登记的传统知识，有利于传统知识专业化、系统化的管理。由集体管理组织代表传统知识权利人行使相应的权利，经过专业化管理的集体管理组织比传统知识权利人更能熟练运用法律法规，从而能更好地维护权利人的权益。

第二，规定当遗传资源的持有人和所有权人或原始提供人等不一致时，在签订惠益分享协议时，应当合理分配相应的惠益给遗传资源所有权人或原始提供人等，并明确分享惠益的方式、形式和比例等。此条款明确了遗传资源原始提供人的权益，规定遗传资源原始提供人可以分享遗传资源所获得的部分惠益。这样对权益主体进行细化解释，有助于维护为遗传资源做出贡献的人的利益，体现了公平原则。

4.3 确立不同目的的获取程序

区分获取遗传资源的目的，对不同的获取目的，规定了不同的获取程序。目的分为两种，学术研究目的与商业目的。对我国单位或个人因学术研究的目的而获取遗传资源的，只要向相关部门登记即可。对因商业目的而获取遗传资源的，应该先取得遗传资源持有人的同意，并订立惠益分享协议，送交省级人民政府相关主管部门审批。之前的法律只是简单地规定了遗传资源的获取活动，并没有对获取目的进行细化规定，所以，对获取目的进行细分，是我国在遗传资源保护立法中的新突破。

这一规定很好地区分了因不同目的而获取遗传资源的程序，符合《名古屋议定书》中提到的应积极创造条件鼓励和促进有利于生物多样性保护与可永续利用研究的特殊规定。首先，将因学术研究而获取遗传资源的程序简化，遗传资源获取者只需要向有关部门登记备案即可，不需要花费很多的时间和精力，这样有利于推动遗传资源的研究和生物科技的发展。其次，对不同目的的获取进行分类，有利于专业化管理。最后，有一些不法分子以学术研究的目的申请获取遗传资源，实际上却是用于商业开发，大大损害了遗传资源持有人的利益，而对获得目的进行区分，可以减少此类事件的发生。所以，区分遗传资源获取目的是非常有必要的。

4.4 明确获取与惠益分享协议框架

第一，获取和惠益分享协议应约定遗传资源的用途、惠益的形式、比例、分配方式和转变获取目的后的惠益安排等。此规定完善了《畜牧法》对惠益分享协议的规定，《畜牧法》仅规定了进行遗传资源交易时需要提供共享惠益的方案，但是并没有规定其具体内容，不具有可操作性，对遗传资源交易双方的指导意义不是很大。而此草案规定了惠益分享方案的具体内容，遗传资源交易双方可以根据此规定进行每一项的约定，有很强的借鉴性。草案完善了惠益分享协议，使惠益分享协议向更加正式和具体的方向发展，对政府提高审批效率也有一定的作用。

第二，国务院环境保护主管部门与国务院相关主管部门制定了获取与惠益分享协议的模板。国家提供惠益分享协议的模板，私人在此基础之上进行谈判，确定双方的权利与义务，减少了交易成本。这个协议模板可以为遗传资源提供方与获取方提供指导，有利于保证惠益协议的公平性。有关部门审批遗传资源获取人提交的协议时，按照模板拟定的协议还可以提高主管部门行政审批的效率。

第三，明确了惠益的形式，惠益形式包括货币惠益与非货币惠益。对货币惠益与非货币惠益的形式采取列举式与兜底式，列举式条款可以比较清楚地呈现惠益分享所采用的形式，对协议订立双方具有明确的指引作用。当社会出现新情况，列举式条款不能解决时，还可以利用兜底式条款进行解释扩充，不需要修改法律，有利于维护法律的稳定性。此外，在惠益的形式中增加了非货币惠益，是一项进步。在笔者看来，相较于货币惠益，非货币惠益更为重要。遗传资源的获得者提供相应的资金、技术、人才，分享其技术成果或者让遗传资源的提供者直接参与到遗传资源利用与开发的整个过程中，有利于遗传资源的保护、可持续发展和我国科学技术的发展。

4.5　建立了生物遗传资源保护和惠益分享基金制度

国家建立了遗传资源保护和惠益分享基金。遗传资源的获取人每年需要上交获取和利用遗传资源所取得的利润的 0.5% ~ 10% 给遗传资源保护和惠益分享基金。基金用来保护和发展遗传资源，遗传资源的提供地可以优先使用。这项规定是《生物多样性公约》关于设立遗传资源保护基金这项条文的具体化，实现了与国际接轨。该条文具体规定了向基金上缴资金的主体、上缴资金的数量和基金中资金的用途，比之前的规定更具体和完善，有一定的进步性。国家为什么需要建立这样一个基金呢？首先，建立遗传资源保护和惠益分享基金有一定的合理性，虽然国家对遗传资源的保护也有一定的投入，但这些是远远不够的，而通过基金运作获得充足的资金，提高行政能力，将大大增强国家保护遗传资源的力度。其次，将基金用于遗传资源的保护，本质上就是遗传资源开发利用所得的部分惠益流回遗传资源本身，可以防止遗传资源的消失。最后，遗传资源原始提供地的经济发展可优先使用基金，这符合公平原则。遗传资源是一项宝贵的资源，是之后遗传资源利用不可或缺的部分。遗传资源能够一直保存到现在，离不开遗传资源原始提供地一代又一代人的努力，所以，将部分惠益投放到当地的社会经济建设中，是合理的。而且，这也有助于提高当地人保护遗传资源的积极性，有利于促进遗传资源的可持续发展。

5 《生物遗传资源获取与惠益分享管理条例（草案）》尚待改进之处

虽然《生物遗传资源获取与惠益分享管理条例（草案）》有一定的进步性，但是其中的一些规定还是有一定的缺陷，比如某些条文的规定过于简单，不利于具体实施，又或是移植的其他国家的法律与国际公约"水土不服"等。为此，笔者对该草案提出了几点改进的建议。

5.1 尽快出台具有法律效力的《生物遗传资源获取与惠益分享管理条例》

首先，它毕竟还是一个草案，只是征求意见或是交审的初稿，并没有通过有关机关的批准，没有成为生效的文件，没有法律效力。我国应当尽快将该草案转化为有效力的法律文件，使有关国家机关遵循所规定的条文进行调整、管理，使遗传资源的获取者与权利人按照此规定进行交易，建立一个关于遗传资源保护的专项性立法，弥补法律的空缺。遗传资源保护的专项性立法可以维护公平，促进我国生物领域科研能力的提升，还有利于推动今后建立关于遗传资源保护的综合性立法。建立比较完善的遗传资源的综合性立法是十分困难的，需要经过不断的实践和总结。鉴于我国遗传资源被屡屡侵犯的情况，这方面规定的出台迫在眉睫。我国可以加快专项性立法，针对某个方面进行规定，保护遗传资源。此外，还需要提高遗传资源获取与惠益分享规定的法律效力位阶，并不局限于将其规定为条例，这样能更好地贯彻落实这方面的规定。

5.2 完善遗传资源保护管理的机构设置和权责

第一，该草案对管理机构的设置不够合理。如由国务院环境保护主管部门对生物遗传资源实施进行统一管理，其他国务院相关部门和其他组织对各自领域所涉及的遗传资源实施的事务进行监督管理。这样的机构设置会造成环境保护主管部门与其他部门职责不清，当遇到有利可图之事时，部门间相互争抢管理权限；当遇到问题或者需要负责时，部门间相互推诿，不利于问题的解决。笔者认为可以在国务院环境保护主管部门内部设立遗传资源管理委员会，统一管理遗传资源获取与惠益分享政策的制定与实施。在该委员会设立执行办公室，由其受理遗传资源获取的申请。执行办公室负责初步的审核，之后将申请交由具有相关遗传资源管理权限的部门进行再次审核，并决定是否同意其申请。

第二，该草案对管理机构权责的规定不够具体。例如，草案规定省级人民政府环境保护主管部门可以根据需要设立相应的机制，但没有规定省级人民政府环境保护主管部门具体的职责，可操作性比较差。应当落实省级人民政府环境保护主管部门的具体职责，如地方立法权限等。

5.3 明确惠益分配的最低比例

该草案对遗传资源的规定虽然比之前详细一些，但是，解决现实中的遗传资源获取与惠益分享的问题，还需要更为规范、具体的规定。例如，草案规定获取与惠益分享协议应该约定惠益分配的比例，这样规定还不够具体，不排除遗传资源获取者利用权利人的弱势地位而低价或者以不公平的条件取得遗传资源的可能性。为了公平的分享惠益，国家应该在法律中规定最低惠益分享的限度，降低权利人的权益被损害的可能。

维护生物多样性是保持生态平衡的重要环节，而遗传资源的保护是维护生物多样性的重要保证，关系人类可持续发展。为了让人类拥有一个更加平衡的生态环境，应当加强对遗传资源的保护，为此，应加快遗传资源的立法工作。我国也出台了相关文件，针对性比较强的是《生物遗传资源获取与惠益分享管理条例（草案）》。希望国家能够在正式文件出台之前，完善该草案，以便更好地保护生物遗传资源。

参考文献

［1］刘敏，吴俊，张波. 遗传资源法律保护的立法探讨——一种生态文明维度的思考［C］. 全国环境资源法学研讨会，2013.

［2］武建勇. 生物遗传资源获取与惠益分享制度的国际经验［J］. 环境保护，2016，44（21）：71－74.

［3］闫海，吴琼. 生物遗传资源惠益分享的国际立法与中国制度构建［J］.

世界农业，2012（8）：45－49.

　　［4］王敬敬．生物遗传资源获取与惠益分享的立法问题研究［D］.北京林业大学硕士学位论文，2014.

　　［5］赵富伟，蔡蕾，臧春鑫．遗传资源获取与惠益分享相关国际制度新进展［J］.生物多样性，2017（11）：7－15.

　　［6］张湘兰，李洁．国家管辖外海域遗传资源惠益分享机制的构建——以知识产权保护为视角［J］.武大国际法评论，2017（4）：66－79.

　　［7］颜晶晶．欧盟遗传资源专利法保护之研究——与中国比较的视角［J］.研究生法学，2011（1）：101－113.

　　［8］黄渊琦．我国农业遗传资源惠益分享机制构建研究［D］.西北大学硕士学位论文，2018：6－10.

　　［9］杨敏．欧盟《遗传资源获取与惠益分享条例》对我国立法的启示［J］.法制与社会，2018（14）：30－31.

　　［10］马旭．遗传资源获取与惠益分享国际规则研究［D］.吉林大学博士学位论文，2016.

　　［11］秦天宝．论遗传资源获取与惠益分享中的事先知情同意制度［J］.现代法学，2008，30（3）：80－91.

　　［12］张维平．生物多样性与可持续发展的关系［J］.环境科学，1998（4）：92－96.

生态环境修复主体浅析

常丽霞　　贺谋琴

（兰州理工大学法学院，甘肃兰州，730050）

摘　要： 对生态环境修复进行研究，必先明确修复的主体问题。面对生态环境修复问题的复杂性和主体能力的差异性，依靠损害者单方操作将导致生态环境修复的社会效果与生态效果降低，依靠政府单方面运行将导致其难以承担起生态文明建设的重任。引入第三方代履行并合理定位三者间的关系，既可解除损害者修复能力欠缺的困境，亦可弥补政府职能过度分散的不足。明确生态环境修复主体的责任分配，将在生态环境修复法律责任的构建与实现路径等方面发挥现实作用。

关键词： 生态环境修复；主体；法律责任；代履行

进行生态环境修复是环境损害后的必然要求，相较于传统的环境侵权责任形式而言，其价值取向更多地回应生态环境自身的发展需求，注重对遭受污染与破坏的生态环境的修复，使其恢复相应的生态功能与环境价值。自从《关于充分发挥审判职能作用为推进生态文明建设与绿色发展提供司法服务和保障的意见》出台后，恢复性司法理念逐步被确定为环境司法审判的价值导向。由于生态环境修复是一项系统性工程，探索生态环境修复的多元主体构造，既有利于弥补各自的不足，又有利于及时修复受损的生态环境，落实损害担责原则。

作者简介：常丽霞（1972—），女，甘肃定西人，法学博士，兰州理工大学法学院教授，主要研究方向为环境资源法、习惯法；贺谋琴（1994—），女，重庆梁平人，兰州理工大学法学院硕士研究生，主要从事环境法研究，邮箱：1830662879@ qq. com。

基金项目：甘肃省高等学校科学研究战略项目"祁连山国家自然保护区建设国家公园相关问题及实施方案研究"（2017F－008）；甘肃省科技计划项目软科学专项"新时代下甘肃省环境监管体制研究"（18CX1ZA016）。

1 生态环境修复主体的概念

明晰生态环境修复的概念是明确生态环境修复主体概念的基础。学界对生态环境修复主体的概念尚无定论，对生态环境修复的概念仍存在诸多争议。各位学者由于差异化的研究视角而对遭受污染和破坏的生态环境的修复进行了不同的表述。竺效称之为"生态损害修复"，刘超认为"环境修复"就是"生态修复"，吕忠梅则用"修复生态环境责任"一词来展开相应的研究。在《最高人民法院关于审理环境民事公益诉讼案件适用法律若干问题的解释》（以下简称《环境民事公益诉讼解释》）、《生态环境损害赔偿制度改革方案》等规范性文件中，生态环境修复是指对因污染环境、破坏生态而导致的环境要素、生物要素以及生态系统功能退化而进行的修复。为保持法律用语的统一性，本文也采用生态环境修复这一表述。生态环境修复是指在生态环境损害发生后，为了降低生态风险，恢复环境功能和生态服务价值，人为采取措施对被污染、被破坏的生态环境进行修复。尽管生态环境修复分为自然修复和人为修复两种形式，但在法律语境下探讨的仅是人为采取措施而进行的修复。

当前的法律法规没有对生态环境修复的主体作出细化规定，在生态环境修复实践层面，其主要有政府、作为环境破坏者的企业、社会公众。虽然法律没有对生态环境修复主体作出明确规定，但在明晰生态环境修复概念的前提下，可界定生态环境修复主体为参与生态环境修复活动并承担修复责任的主体，具体而言，包含因污染或破坏行为造成生态环境受损的主体（以下简称损害者）、政府以及其他第三方主体。

2 生态环境修复主体面临的现实困境

2.1 修复主体的理论探讨不足

修复主体的明确将为修复工作的顺利进行奠定基础。吴鹏（2014）认为，资源开发让多方受利，某些情况下甚至国家才是最大的受益者，因此生态修复的主体应当多元化。不可否认，正是由于国家需要发展，民众需要生存，所以才会有人类对自然资源的开采与利用，因而对生态环境造成污染与损害是不可避免的结果。但现有研究表明，学者更多地注重对损害者修复责任的探讨，还将开发者、利用者、受益者归入修复主体之中；政府即使参与修复活动，也是以环境行政管理者的身份出现或者仅在损害者不明时承担兜底责任，少有人考虑到基于政府职责的特殊性而本就该承担生态环境修复责任；对作为第三方主体的代履行者的修复责任也仅停留在合同责任这一层面。因而，对各修复主体的地位及责任性质的探讨还有待进一步研究。

2.2 修复主体的法制建构不全

法制的构建来源于现实需求，健全的法制将为现实提供具有能动性的反作用。《中华人民共和国环境保护法》（以下简称《环境保护法》）第三十二条表明国家应建立修复制度，但并未明确规定修复责任的主体。《中华人民共和国土壤污染防治法》第七十一条规定地方人民政府及其有关部门是除污染责任人外的又一修复主体，明确了地方政府应当承担修复责任的前提。《最高人民法院关于审理环境侵权责任纠纷案件适用法律若干问题的解释》（以下简称《环境侵权司法解释》）第十四条规定承担生态环境修复责任的是污染者，而修复责任又分为行为责任和费用责任，行为责任处于优先履行的地位，费用责任针对的是污染者不直接履行或不按期履行时法院委托其他人进行修复的情况，进而明确了环境司法领域的代履行规定。此外，《环境民事公益诉讼解释》也作了与《环境侵权司法解释》类似的规定，即污染环境或生态破坏者的修复责任也分为行为责任和费用责任，不过此处两种责任承担方式没有先后顺序之分；《最高人民法院关于审理生态环境损害赔偿案件的若干规定（试行）》也规定人民法院可根据案情和诉讼请求判决损害生态环境责任者承担修复责任，在当事人拒绝或未全部履行修复责任时，由省级、市地级政府及其指定的部门、机构组织实施。虽然上述规定大致反映出修复主体包含损害者、政府、第三方代履行者，却没有形成统一的法律认识。《环境侵权司法解释》中适用生态环境修复似乎只是对作为恢复原状这一民事责任的变通规定，然而生态环境修复所保护的法益、所牵涉的主体等却不是民事责任所能囊括的。此外，相关规定对政府、第三方代履行者的责任性质或在多大程度上承担修复责任亦没有清楚说明。

2.3 修复主体的修复能力受限

在诸多情况下，生态环境修复并不会取得应有的效果，主要有以下三个方面的原因：①对于损害者而言，一般为普通企业和个人，由于缺乏进行修复所需的专业技术与能力，修复成果往往与修复目标不相称，而在其不愿直接履行修复责任或迟延履行时，若无代履行者进行修复责任的替代履行，将导致损害的扩大。②对于政府而言，其主要职责是对社会发展进行统筹安排和管理，虽然我国在全力打造服务型政府，但政府若倾注太多精力，花费太多人力到生态环境的修复工作中，难免会扰乱其他工作的秩序，加大政府的行政负担，进而降低修复工作的质量，因而需要一个第三方代履行主体来分担政府的修复责任。③对于第三方代履行者而言，虽然拥有修复所需的专业人才、技术与设备，但多数情况下其人员来自外地，对修复场所的自然环境、建筑构造缺乏了解，不利于修复工作的展开，因此需要了解修复场所情形的政府或其他主体出面，指导其进行修复工作。此外，代履行者没有完成修复任务时责任如何分配，修复成果由谁来检查验收等诸多问题，都需要进一步研究。因此，为了克服各修复主体的局限性，对生态环境修复责任的分配必须要形成一个稳定的构造，明确各主体的修复地位，合理安排修复任务及权限，避免出现无人修复、修复不力的情况发生。

3 生态环境修复主体责任探视

法律作用于现实的路径之一便是法律责任的承担。由损害者承担修复责任是对其生态环境损害行为的必要回应，有利于减少环境损害的外部不经济性。我们也应看到，对于无法查明损害者的区域，倘若政府也置若罔闻，那损害的法益将无力维护，即使政府出面修复这些区域，也需要专门的技术与精力。所以，引入第三方代履行者进行生态环境的修复工作，是基于实践需求而产生的履责方式。对于损害者、政府、第三方代履行者而言，生态环境修复责任是一项共同但有区别的责任。

3.1 损害者的首要责任

损害者的修复责任源于其先前实施的生态环境损害行为，具体担责主体可能是实施过环境损害行为的个人、企业甚至政府。损害者为了获得个人利益罔顾公众环境权益而实施的行为与生态环境受损状态有直接的关联，由其承担修复的首要责任是落实损害担责原则的应有之义。纵观司法实践，对生态环境造成损害的不仅包括直接损害者，也包括间接损害者，虽然间接损害者没有亲自实施污染或破坏行为，但其为直接损害者提供了便利，明知会有环境损害后果而仍采取放任的态度，因而要求其与直接损害者共同承担修复责任也是必然。不管是基于司法途径还是基于行政途径启动的生态环境修复，损害者都可选择采取工程、物理、化学、生物等修复措施，将受到损害的生态环境功能恢复到修复方案要求的状态；或在其不愿进行修复活动时，通过承担修复资金的方式，由第三方代履行者进行修复。可以发现，损害者的修复责任是因其实施污染环境或破坏生态行为而依法应当承担的不利后果，属于法律的否定性评价。

3.2　政府修复的补充责任

正在探索构建的生态环境损害赔偿制度就是为了破解"企业污染、群众受害、政府买单"的困境，然而这条道路却又不能完全实现污染与破坏行为导致的"负外部性"问题的内部化设想。基于公共信托理论，政府除了要追究损害者的责任，自身也理应承担修复生态环境的责任。而政府作为生态环境修复责任主体之一是有前提条件和顺位的，仅适用于长期不能确定修复主体的情况，以此确立政府的补充责任地位，该责任不仅体现在修复责任的承担上，更体现在修复活动的监管和指导方面。一方面，政府应当承担修复生态环境的兜底责任，在面对历史遗留污染问题、损害者无法查明或损害者没有资金承担修复责任时，由政府利用公共财产承担修复责任，虽是无奈之举，却也是改变"公地悲剧"的理性选择。另一方面，即使经过诉讼，法院最终判决损害者承担修复的责任，结合当地生态环境特征确定修复方案、监督修复过程、指导修复活动、验收修复结果都远远超出法院的工作能力范围，如果政府参与并主导修复工作，不仅有利于节约司法资源，还能加快推进修复工作的进程。由此可知，排除因政府行为直接导致生态环境损害的情况，政府于此处承担的是在没有其他主体承担修复责任时的补充责任。而政府承担修复责任亦是有区分的，中央政府应当在宏观上把握生态环境修复的制度建设及相关机制的建设，地方政府则应当结合具体案情参与并指导修复活动。相较于损害者，政府承担的修复责任并不是不利法律后果，而是基于环境治理和生态建设的法定职责决定的，属于环境友好行为，与损害者承担的修复责任不具有同质性。

3.3 代履行者的合同责任

由于损害者、政府缺乏专业的修复技能，拥有专业技术条件与设备的第三方代履行者更能妥善完成综合性、复杂性的修复工作。因此，生态环境修复代履行将成为我国进行生态环境修复活动的必然选择。而应当如何定位代履行者在生态环境修复中的责任地位，也成了落实修复工作必须要解决的问题。2017 年发布的《环境保护部关于推进环境污染第三方治理的实施意见》为生态环境修复中的代履行创造了更好的执行条件，通过合同方式引入第三方来代替损害者或者政府进行修复工作、承担修复责任是第三方治理的本质体现，也是政府在进行环境保护工作中引入市场化机制的努力。即损害者或者政府与第三方代履行者通过签订生态环境修复合同，在缴纳修复费用后将对特定生态环境区域的修复行为责任转移给第三方代履行者承担；而第三方代履行者根据修复合同的约定，完成相应的生态环境修复任务，若其未按约进行修复活动，或者修复结果验收不合格的，将依照修复合同承担相应的违约责任。因此，第三方代履行者作为修复主体在修复活动中承担的是合同责任。但我们还应看到，第三方代履行者修复工作的验收成功，意味着损害者或者政府修复责任的完成，而代履行者修复责任的履行失败则会导致损害者或者政府不能完成修复责任。鉴于生态环境修复对公共环境权益保护的特殊性，政府作为环境管理者也会参与修复活动的监管，因此，生态环境修复的代履行具有民事合同关系与行政管理关系相交融的特性。相较于损害者与政府而言，第三方代履行者作为生态环境修复主体参加修复活动是基于合同约定，其责任履行与生态环境受损状态没有法律上的因果关系。

4 生态环境修复主体的完善路径

由损害者、政府、代履行者三方组成的生态环境修复主体构造，不仅在主体上进行了多元化的创新，还有利于修复效果的提升与修复目的的实现。要求损害者与政府承担生态环境修复的责任定然符合法理，而代履行者通过接受委托进行修复活动，除了可以弥补损害者与政府进行修复活动的弊端，还进一步拓宽了公众参与环境保护的渠道。但修复工作在某些情况下是一项浩大的工程，若不对主体承担修复责任的实现路径进行优化，难免会阻碍修复活动的进程，延误修复的最佳时机。因此，需要扩宽视野，寻求良药，在法律合理定位主体修复责任的基础上，从体制、机制方面给予配套支持，进而救济受损的环境权益，保障生态环境修复工作的顺利进行。

4.1 明确修复主体的法律地位

明确的环境法律规定可以为环境守法、环境执法、环境司法提供依据，进而形成统一的环境法律秩序。现行《环境保护法》只在第三十二条中提到修复制度，对具体的制度内容尚无明确规定。相关单行法、司法解释、规范性文件对修复主体的规定亦不统一。生态环境修复的权益基础是作为公共产品的生态环境与公共健康，旨在保障公众环境权益，是以消除公共危害、修复受损环境为目标的责任形式，因此，主体的多元化更能合理解决生态环境的修复问题。在生态环境修复主体的法律规定方面，明确损害者作为修复的第一责任人，在其实施生态环境损害行为后追究其修复责任；明确政府在应对历史遗留污染问题、损害者无法查明或修复资金能力不足时的补充责任地位；明确第三方代履行者因接受委托而进行修复活动时的合同责任地位。因此，可以《环境保护法》第三十二条为依据构建生态环境修复制度，明确损害者、政府、第三方代履行者的修复法律责任地位，并在各环境保护单行法、司法解释及其他规范性文件中作出细化规定，以减少歧义。在横向上通过刑法、民法、行政法追究损害者的修复责任，多方面提供生态环境损害的修复救济。在通过不同诉讼方式判决损害者或其他情形下由政府承担修复责任的案件中，应当以损害者、政府直接履行或者委托第三方代履行者依法开展修复活动为主要的履行方式，并明确作为环境监管主体的环保行政机关应当履行对修复全程的监管职责。

4.2 健全修复主体的综合管理体制

在庞杂的生态环境修复活动中，实现环境司法和环境执法的综合治理将为修复主体顺利进行修复活动提供组织保障，共同督促修复主体严格按照法律规定落实修复责任，从而全方位统筹生态环境的修复工作。相对于应保持客观中正的法院而言，各级环境保护行政主管部门在处理生态环境修复的问题上更具职务便利与时效性，因此，由其承担生态环境修复的监督、指导任务更具可行性，涉及生态环境修复的案件，所属地域的环境保护行政主管部门理应参与其中。具体而言，对于损害者明确的案件，不管是经由行政决定还是司法裁判确定其承担修复责任，修复方案的制定都需经过环境保护行政主管部门的参与商议，修复过程接受其监督，修复成果也要经其验收；对于历史遗留污染问题、损害者无法查明或损害者无足够资金承担生态环境修复费用的情形，由政府承担修复责任并可委托第三方代履行者进行具体的修复工作，此时也需由环境保护行政主管部门出面，参与制定修复方案，监督修复活动并验收修复结果。而环境行政公益诉讼则应当督促环境保护行政主管部门积极履行监管生态环境修复活动的职责，消除政府在应对生态环境损害情况时的懒政、怠政行为。国家层面则应做好生态环境修复的顶层设计，合理规划生态环境修复的相关制度；各级政府应当鼓励生态环境修复产业的市场化建设，健全对第三方代履行者进行修复活动的市场监管体制并严格其行业操作规范，提高修复人员的综合素质；强化修复的公开制度，保证修复工作更加规范、透明。

4.3　构建修复主体的高效运行机制

我国现行的环境保护法律缺乏生态环境修复的程序规定，致使现实中仍有许多情况缺乏明确指导。无论是通过诉讼手段还是通过执法手段进行修复活动，其目的都具有一致性，如果法律不能明确两者的顺位，导致由法院审判后组织代履行或者由环境保护行政主管部门处罚后组织代履行形成交错的状态无疑会引发实践操作层面的混乱，鉴于行政执法的主动性、高效性、具体性，将修复执法摆在优先位置，更能及时对生态环境进行修复，并做好执法与司法的配合工作。修复工作涉及的方面众多，无论是由损害者还是由第三方代履行者进行修复，都需要制定科学可行的修复方案并明确监督验收程序，以此保障修复任务的圆满完成。对于修复义务明确、修复措施简单的案件，可由损害者自行制定修复方案，与法院和环境保护行政主管部门商议确定后履行。对于修复任务繁重、专业技术需求高或是损害者不愿直接进行修复活动、损害者不明而由政府承担修复责任的案件，可由具有修复能力的第三方代履行者制定修复方案。修复工作完成后，要遵守验收程序，由环境保护行政主管部门主导，会同法院、原告等拥有验收资格的主体按照修复方案的规定检查并验收修复成果，形成验收报告。最后，将整个过程涉及的修复主体、修复方案、验收主体、验收报告等情况发布在公共平台或报刊上，接受公众查阅与监督。此外，进行生态环境修复工作离不开雄厚资金的支持，健全生态环境修复的基金、保险机制，拓宽经费来源的渠道，保证在应对无损害者承担修复责任或其无力缴纳修复资金或历史遗留污染问题时也能拿出经费支持受损环境的修复工作，并减轻政府的财政负担。

5 结 语

当前，生态环境修复法律制度正在不断发展，生态环境修复责任成为一项独立的环境法律责任日益成为一种趋势。而生态环境的修复主体既是修复制度开展的起点，也是承担修复责任的中心。现阶段应当立足于司法实践，从理论上拓宽修复责任主体的范围，在实践中强化修复主体责任的承担、解决主体在修复活动中遇到的操作问题，通过完善法律规定、健全配套措施的方式，畅通生态环境修复主体责任落实的途径。

参考文献

［1］竺效．生态损害综合预防和救济法律机制研究［M］．北京：法律出版社，2016：105.

［2］刘超．环境修复审视下我国环境法律责任形式之利弊检讨——基于条文解析与判例研读［J］．中国地质大学学报（社会科学版），2016，16（2）：2.

［3］吕忠梅，窦海阳．修复生态环境责任的实证解析［J］．法学研究，2017（3）：125.

［4］李挚萍．建立完善环境修复制度迫在眉睫［J］．环境，2012（7）：17.

［5］吴鹏．"以自然应对自然"——应对气候变化视野下的生态修复法律制度研究［M］．北京：中国政法大学出版社，2014：131.

［6］李挚萍．生态环境修复司法的实践创新及其反思［J］．华南师范大学学报（社会科学版），2018（2）：154.

［7］刘静然．论污染者环境修复责任的实现［J］．法学杂志，2018（4）：86.

［8］石春雷．论环境民事公益诉讼中的生态环境修复——兼评最高人民法院司法解释相关规定的合理性［J］．郑州大学学报（哲学社会科学版），2017，50（2）：26.

浅析绿色发展视域下区域
生态环境治理问题

谢 畅

（兰州理工大学法学院，甘肃兰州，730050）

摘　要： 随着国家经济转型、绿色创新发展的推进，区域生态环境治理的问题日益受到关注。我国幅员辽阔，地域性差异大，各个地区的复杂性、历史性、不平衡性限制着区域生态环境治理的进程；各地社会基础、资源环境以及政策倾向等因素的差异，也使区域生态环境治理的成效欠佳。本文秉承绿色创新发展的新理念，坚持生态优先、因地制宜的原则，通过系统了解区域生态发展的状况，分析区域生态环境治理的短板和存在的问题，探寻区域生态环境治理的路径和方法，探究预防和治理环境污染、保育自然生态环境的政策和法治保障措施，为推进中国实现经济绿色转型、人与自然和谐发展，提供一点有益的参考。

关键词： 区域生态环境；协同治理；绿色发展；法制保障

在 2019 年十三届人大第二次会议的政府工作报告中，对生态环境治理提出了全新且具有接续性的工作任务。近些年，全国各个省、自治区、直辖市对生态环境治理方向的模式改革、环境治理能力进行了探索和实践，虽然在一定程度上推进了区域生态环境的优化治理，但是由于地域的差异性以及部分资源管理体制难以统一，我们所追求的生态环境优化治理的目标和现实经济发展状况并不对等。区域生态环境治理的方式主要有政府权威干预方式、市场机制调节方式、多方位治理方式（包括政治、经济、文化等共同作用）等，由于在生态环境治理的进程中存在体制的障碍、利益的冲突等诸多问题，传统治理方式并不能完全适

作者简介：谢畅（1996—），女，辽宁省本溪人，兰州理工大学硕士研究生，主要研究方向为自然资源与环境保护法。

应现实的状况。本文从生态文明全局角度分析生态环境治理问题及现状，进一步分析生态环境治理中的阻碍因素，结合国内外成功经验，在差异与联系中找出具有一定可行性的路径，推动绿色创新发展和生态文明建设取得更加显著的成效。

1 我国区域生态环境问题特点与治理阻碍因素

1.1 我国区域生态环境问题的特点

1.1.1 区域生态环境问题综合化

我国从工业化起步所出现的环境问题到目前需要解决的环境问题，都在一步步逼近环境承载的底线，因此当代生态环境治理问题已在一些程度上超出了生态环境自身修复的能力范畴，环境的破坏已经影响到了人类生活的诸多方面。水土流失、水环境污染、森林草场覆盖率退化、生物多样性减少等诸多问题相互结合，变得愈加综合化，因此更需要采用综合分析、综合整治的措施，来减轻或控制其影响，预防其发生。

1.1.2 区域性环境治理问题社会化

区域生态环境问题影响到社会的各个方面，区域性环境问题看似是一定区域环境单独存在的，但是从环境是相互影响的特点中不难了解，区域性生态环境的优化治理不仅是改善特定区域的生态环境，更是整体社会应该共同关注的问题。社会基点、经济发展模式、资源状态、环境状态、政策背景是普遍联系的，其最终都是通过社会价值评价得以体现，完善的区域生态环境治理体制应当成为社会的整体共识。

1.1.3 区域性环境问题积累化

我国正处于快速发展的进程中，在众多领域取得了突破性的成就，但某些领域成就的获取也在加剧资源的快速消耗以及对环境的危害。因此，在面对此问题时，国家需要进行新时代的环境转型。基于多年对生态环境的保护，我国的生态环境在总体上产生了一定的变化，开始朝着好的方向发展，但根源性问题并没有得到解决，区域生态环境中的负面现象仍然存在。治理的方式一定要转向"有问题就治理"的高效性，总的来讲，当前国家需要更加完善解决区域性生态环境问题的措施等。

1.1.4 区域性环境问题跨界化

我国按照一定的历史因素、政治因素进行行政区划，不同的行政区划所具有的地域特色影响着区域生态环境治理的方向。区域性生态环境问题的跨域性和流动性本身决定了治理的难度，区域之间彼此的行政边界相邻并且功能也存在重叠面，两个以上不同辖区的行政管理方式存在差别。加快不同辖区针对共同管辖环境的协同综合治理是引导整体环境治理更好发展的重要因素。

1.2 我国区域生态环境治理的阻力因素分析

1.2.1 区域生态环境治理制度的法治缺失

区域生态环境法治化治理，是我国生态环境法治化的客观要求。生态环境法治化即坚持依法治理，加强法治保障，运用法治思维和法治方式来解决生态环境的保护和治理问题。法治包括由立法、执法、司法和守法等各个环节或各方面有机组合而成的综合性制度治理体系。目前，我国正处于环境污染高发时期，生态环境保护任务艰巨。党的十八届五中全会提出加大环境治理力度，以提高环境质量为核心，实行最严格的环境保护制度。借助法律的强制性要求，通过各种生态环境保护法律制度的科学运用和严格执行，完善监管机制，是区域内生态环境保护治理质量全面提升的有效举措。

1.2.2 区域生态治理的简单化、"一刀切"治理方式与价值取向差异

近年来，在环境整治中，一些地方对影响生态环境的人类活动采用禁止、阻断等办法，这样的治理工作是极为简单化的。一些不符合民生发展的做法已引起相关部门的关注，相关部门对此进行了调查和纠整。有些情况不一定会导致污染，主要问题是由处理方法所决定的。为了实现能源和资源的合理利用，各个产业可以找到不同的生态优先、绿色发展途径。如果为了规避环保问责风险，忽视社会、人文等其他因素，显然是政策方向把握不到位、执行简单化的表现，同时也违背了绿色创新发展的本质意义。区域生态环境治理应当结合区域特点和民风民俗、行业调控及治理经验等，如果不了解实际情况、简单粗暴地进行"一刀切"治理，看似执行政策落实到位，实际上给社会发展和人民生活带来了诸多不利。为了避免形成"一刀切"现象，应该探索寻求行之有效的解决之道。

1.2.3 政府性利益分割化制约区域生态环境治理的综合化

政府利益是客观存在的，环境问题具有公共物品属性，因而环境污染跨区域治理具有典型的外部性，这是由于政府间收益与其付出的成本不一致造成的。信息不对称、博弈结果的不确定性以及行政决策权过于模糊，使环境污染跨区域治理问题

越来越复杂。现实中，跨区域环境污染治理涉及政府间的利益博弈。理念的创新才能带来改革的突破和区域治理的发展，合理的政府协调治理方法是最为需要的。

2 区域生态环境治理的国外经验与中国实践

2.1 国外经验

2.1.1 美国

作为最早进行工业发展的国家之一，美国因为长期发展工业，生态环境问题十分严重，所面临的治理问题在当时也是非常棘手的。美国通过立法对生态环境治理角度和手段等进行规制，美国关于环保的法律较多，法律制定标准也高于国际环境法律的立法标准，美国针对区域生态环境的立法涉及监督、管理、咨询和协调等机制，对于区域环境保护和治理形成示范性的作用。美国的区域生态环境治理的法律相关方面涉及面广泛，同时美国针对部分区域设立专项办公室，并设立常设机构，针对区域生态环境治理、区别生态环境补偿等方面有着专门的政策和制度，因为生态环境的政策框架和法律基础完善，进而区域生态环境治理也可以顺利而高效地运作。

2.1.2 日本

日本是靠海而生的国家，第二次世界大战之后，日本亟须快速发展民生和经济，随着经济高速发展，其海洋也曾受到严重污染，日本的内海污染更为严重，海洋生物大量死亡，污染频繁发生。为此日本制定因地治理的政策和法律，关于区域生态环境治理中的责任明确，各府县根据法律的规定对各自行政范围的污染问题均有具体防治办法。因地制宜方法的制定在日本成功治理生态环境问题上发挥了非常重要的作用。尽管我国的生态环境和日本的生态环境存在诸多差异，但是制定法律方面的一些精神值得借鉴，因地制宜、符合地域情况、突出治理重点的法律法规有助于高效实现区域生态环境治理。

2.2 中国实践

2.2.1 上海的"五违四必"治理方法

2015 年开始，上海持续开展三轮"五违四必"（五违：违法用地、违法建筑、违法排污、违法经营、违法居住；四必：违法建筑必须拆除、违法经营必须取缔、安全隐患必须消除、极度脏乱差现象必须整治）区域生态环境综合治理。上海首先对区域展开仔细调研，调研中发现在城乡接合部和农村集体土地上存在大量农用地被违法占用等现象，而且这些环境违法现象衍生出了治安、消防等问题。但通过两轮整治，环保部门的跟踪评估显示，整治地块内的土壤、空气、水等环境质量明显改善，尤以水质改善最为明显。随之开展的生态修复、城市更新等工作，令环境面貌大为改善，上海的"五违四必"治理方法值得借鉴。

2.2.2　湖南的综合性全方位治理方式

湖南省位于长江中游地区，是东部沿海经济带和长江经济带的重要结合点，大部分的区域都属于长江流域。近些年，湖南省坚持生态优先、绿色创新发展，注重保护区域生态环境，通过多维度、多方向有针对性的治理，长江中游区域的生态环境保护与治理进度取得了明显成效。①法治方面：以省级政府为引领，各级政府成立生态环境保护委员会，对生态建设情况、治理工作进行等级评价，颁布实施因地制宜的地方性法规，这些符合地域状况的法律法规为长江中游区域生态环境治理方式和规划提供了稳定的规则框架，为该区域生态环境治理模式提供了有力的保障。②政策方面：湖南省坚持生态文明建设和环境污染治理产业绿色转型"双管齐下"，有序推进国家公园体制试点以及补偿机制，领导班子对治理区域进行实地调研并对多地进行暗访，以突出重点工程项目为出发点，以点带面，使环境治理规模化、示范化，对河流、废渣综合整治，统筹推进治理任务的开展。调整产业结构，退出重化工企业，合理制定政策，采用部门协调联动等方式，解决了一批突出环境问题。③经济方面：加大生态环境治理经费投入，鼓励企业技术改造、加强质量管理等，并提供经费方面的支持，与时俱进，结合科技和"互联网＋"优势，形成长效化治理模式和生态环境治理部门联动模式。

2.2.3　京津冀的协同治理政策

京津冀的生态环境问题不仅是一省两市的环境问题，更是关系到国家生态环境全局性发展的重要方向点，京津冀地区早已成为中国东部地区中人与自然关系最紧张、资源环境超载矛盾最为尖锐的区域。2015年，京津冀地区生态环境治理开始正式施行，通过协同方式加强治理。跨区域生态治理政府机构相互配合，在区域整合的基础上，协调地方政府行为，运用市场机制，构建形成生态资源等要素的合理配置，通过鼓励公众参与和社会监督，实现区域生活方式的转变和生态治理政策的实施。环境改善是京津冀三地协同发展的重要目标之一，目前，京津冀已经探索出建立统一规划、统一标准的区域生态环境保护规模，在中长期的发展状态下有平稳的发展模式，整体都在朝着好的方向发展，其中的优势之处值得探讨和借鉴。

3 对区域生态环境治理的实践向度的建议

3.1 增强全社会，尤其是欠发达地区的生态法治理念

全社会的生态法治理念，生态文明法治建设，需要生态法治思维的推进和保障，需要对现有的生产方式和生活方式做出全面、有力的调整。在全社会树立生态法治理念，尤其要增强社会公众的生态法治理念。目前，可持续发展理念和人与自然和谐相处等理念已经成为世界各国普遍认同的生态法治理念。应采用多种形式，通过多种途径，在全社会广泛开展生态文明、生态法治、生态道德、生态价值、公众参与、社会监督等内容的宣传和教育。特别是在欠发达区域，本身生态环境就很复杂、脆弱，区域在共通性中又存在较大差异。目前局部地区的生态环境渐渐地有所改善，但总体恶化加重趋势并未发生实质性的改变。环境保护与经济发展的矛盾依然比较突出，有关的生态环境治理政策从调整的范围、方式、环节和取得的实效上看，还不能完全适应当前部分区域生态环境治理的需要。因此，更应当加强生态法治理念的宣传教育，推动区域生态环境治理政策的全面创新，这样才能实现区域生态环境改善、人与自然和谐相处的宏伟目标。

3.2 建立开放包容的协同治理机制

区域生态环境治理组织架构是在多个行政区划相重叠的状况下需要形成的，跨区域的生态都处于互相关联的整体性关系之中，区域生态环境治理只有改变各自为政的做法，采取合作协同的方式，加强环境建设和生态治理中的统筹协调，才能取得成效。打破区域分割，制定统一或者互通的区域性生态政策，目标与实践应当符合区域生态环境治理进度，从而实现跨区域生态治理内容的共享，促进区域生态环境的整体优化。培育区域间的信任机制也尤为重要，减少部门、区域之间的争议，消除监管中的障碍，有助于让共同管理的生态区域自发形成保护生态环境的优先意识。

3.3　完善政绩考核与责任追究制度

各部门的职能不尽相同，部门领导的领导方式也存在个体差异，因此激励与约束机制是保证地方政府及官员既有为又不能乱为的重要安排，实现官员的正向激励与严格约束是干部管理的核心。通过形成有方向性的干部考核机制，使奖惩落到实处，完善体制内治理方法，提高治理效率，运用激励与约束并重的方式进行合理有序改变，使行政部门在区域生态环境治理中发挥重要作用。

3.4　推广生态环境治理的市场化机制

在政府引领下应坚持企业主体导向，使市场资源得以充分利用并发挥决定性的作用，推进市场主体信用体系建设，使环境方面的公共服务机制的灵活性和稳定性全方位得到巩固，进一步加强区域环境治理体系。市场化治理是国家发展的必然趋势，国家应在对区域生态环境治理进行宏观调控的前提下，放宽生态环境治理准入标准。生态环境治理不仅是国家层面考虑的问题，其过程更应当体现社会的各个层面。利用相关政策，将区域性生态环境治理与经济、政治发展相结合，在绿色创新发展的同时谋求经济、政治、文化等方面的发展，才符合新时代中国特色社会主义的发展方向。

促进区域生态环境发展，是实现国家绿色创新发展的必然要求。通过制定法律法规，以及形成有针对性的治理方法，可以提升生态治理方案的效用。在探索和实践过程中，出现分歧是必然的，需要将法律与责任结合、治理与区域特点结合并融入治理过程，从而实现绿色创新与可持续发展。我们回到区域生态环境保护问题的一些解决方案中，因地制宜的方案和生态优先的原则是必须具备的。但是由于现状存在着困难，现有技术不能满足治理要求，以及地域差异难以解决的状况确实存在等，我们应该预测到随着国家治理要求的不断提升，中国的区域生态环境治理道路也很漫长，各界需要不断努力进行探索和创新。在此过程中应当沉着应对，保持耐心和平衡点，将环境治理制定成为一个中长期计划，并适时对相关政策进行调整，进而实现区域生态环境治理综合性的最大效益。

参考文献

［1］唐鸣，杨美勤．习近平生态文明制度建设思想：逻辑蕴含、内在特质与实践向度［J］.当代世界与社会主义，2017（4）：76 - 84.

［2］史玉成．西部区域生态环境法治建设的现状与未来——兼论我国环境立

法的完善［J］.甘肃政法学院学报，2007（6）：129－134.

　　［3］张小军.西北地区中等城市生态文明建设的法治保障路径分析——以甘肃省天水市为例［J］.生产力研究，2015（1）：58－61，160.

　　［4］方世南.区域生态合作治理是生态文明建设的重要途径［J］.学习论坛，2009，25（4）：40－43.

　　［5］金太军.论区域生态治理的中国挑战与西方经验［J］.国外社会科学，2015（5）：4－12.

　　［6］王莹.国外生态治理实践及其经验借鉴［J］.国家治理，2017（24）：34－48.

　　［7］全超，金珊.环渤海区域环境治理的启示——比较研究国外环境保护区域治理立法经验［J］.学理论，2013（27）：122－123.

　　［8］王喆，周凌一.京津冀生态环境协同治理研究——基于体制机制视角探讨［J］.经济与管理研究，2015，36（7）：68－75.

　　［9］李景林.关于西部环境保护问题的思考［J］.河南科技，2013（18）：193－194.

　　［10］钭晓东，杜寅.中国特色生态法治体系建设论纲［J］.法制与社会发展，2017，23（6）：21－38.

　　［11］李冠杰.“协同共生”：区域生态环境治理新范式［J］.武汉科技大学学报（社会科学版），2017，19（6）：664－667.

　　［12］Li Yurui，Cao Zhi，Long Hualou，et al. Dynamic Analysis of Ecological Environment Combined with Land Cover and NDVI Changes and Implications for Sustainable Urban－rural Development：The Case of Mu Us Sandy Land，China［J］. Journal of Cleaner Production，2016.

　　［13］Kang Jing，Gan Zhiguo，Jiang Yunzhong，et al. Current Study on Estuarine Coastal Ecological Environment and Its Development［J］. Procedia Engineering，2012（28）.

科技创新与乡村振兴关系浅析

马　静　朱东升

（宁夏大学经济管理学院，宁夏银川，750021）

摘　要：科技创新在社会经济中起着举足轻重的作用。乡村既是社会经济的重要组成部分，也是重要的载体。本文在整理科技创新和乡村振兴文献的基础上，探讨了两者之间的耦合关系，进而围绕乡村振兴战略的总要求，在科技创新驱动下提出适合我国乡村振兴发展的创新路径，为今后更好地贯彻乡村振兴战略提供借鉴与参考。

关键词：科技创新；乡村振兴；关系；驱动

党的十八大提出实施创新驱动发展战略，科技创新是衡量我国综合实力的关键组成部分。党的十九大报告首次提出乡村振兴战略，并指出乡村振兴的总要求是产业兴旺、生态宜居、乡风文明、治理有效和生活富裕，标志着新时代我国乡村将会迎来快速发展。科技创新在乡村发展中的实践应用将会越发普遍。

1　文献综述

理解科技创新和乡村振兴的内涵，是本文研究两者耦合关系的基本前提。张

作者简介：马静（1988—），女，宁夏银川人，宁夏大学经济管理学院副教授，经济学博士，研究方向为区域创新；朱东升（1995—），男，宁夏银川人，宁夏大学经济管理学院硕士研究生，研究方向为经济发展理论与政策。

来武（2011）在第八届中国软科学学术年会上的讲话中结合约瑟夫·熊彼特和华尔特·罗斯托关于"创新"和"技术创新"的观点后认为，科技创新强调技术价值的市场实现。本文研究的科技创新是与乡村振兴紧密联系的，因此，文中的科技创新赋予了"农业"新的内涵，即将其扩展到农业科研、成果推广转化和涉农人才培养三方面。乡村振兴战略的提出是马克思主义城乡理论在中国的伟大尝试，也是历代中国共产党人关于农村发展思想的理论探索。

1.1 国外文献研究

国外特别是欧美发达国家在早期经过工业革命的推动，乡村建设成就突出，城乡发展程度较高。亚洲特别是地域上临近我国的东亚国家，乡村建设方面经验也较为丰富。

法国农业用地面积约占国土面积的 60%，法国适度发展规模化的经营农场，通过为青年人和老年人提供技能培训扩大农业生产规模，并通过提升农业机械化水平和农产品附加值来提升农产品的竞争力。在拥有土地资源优势的情况下，法国还建立了集农业、环境和教育于一体的综合研究体系，最大限度地发挥以农业为基础、多领域共同发展的产业生态优势，促进法国农业科技迈向国际化。与法国相邻的德国拥有健全的工业体系和雄厚的科技实力，以科技带动农村发展能发挥出巨大的优势。在加大农业创新投入的基础上，德国认为以科研单位为主体和以学术独立为根本是农业科技创新的关键，这会促进德国农业科技投入研发的长效性和稳定性，为科技带动农村发展提供了保障。在20世纪30年代的经济危机爆发后，美国政府在乡村建设领域成效显著。美国分别在20世纪30年代、70年代和90年代通过立法的形式为各项财政政策提供法律支持，并提出了农业农村发展要以市场为导向和政府及社会共同参与等措施，使农村朝着更好的方向发展。

在第二次世界大战后期，随着全球经济的复苏，多数国家的经济得到了长足的发展，但在经济发展的同时，城乡发展之间的矛盾也日益加剧，有效改善农村与城市发展之间的矛盾是当时韩国、日本两国关注的焦点。《农业基本法》的推行，标志着日本的乡村建设迎来大发展时期。针对日本城乡居民收入差距加大、农转非人口快速增多、进口农产品对国内农产品冲击加重和生态破坏严重等突出问题，日本采取了立法保障、政策推行、生态改善、产业融合发展和以农为本的发展模式，有效改善了农村发展的问题。日本在短时间内完成乡村振兴也离不开科技的不断投入。日本当时建立了科研转化、教育培育、技术推广以及政府与民办企业紧密配合的农业科技创新与技术推广体系。该体系旨在通过科技和管理带头人在涉农的各个领域的推广作用，助推农村快速发展。20 世纪 70 年代初，韩国进行了全国范围内的新村运动。在新村运动期间，韩国政府要求政府官员、专家学者和农民同吃、同住、同劳动，坚持从实际出发，深入基层考察研究之后制定农村发展的出路。韩国加强社会主体的联系与培养，极大地促进了政府机构、社会企业以及农村基层单位的交流与合作，为新村建设的成功奠定了基础。

1.2　国内文献研究

我国有学者通过对三螺旋理论和六次产业理论进行探讨，理出了创新驱动在城乡一体化中的思路，并指出实施科技特派员制度是解决城乡一体化的有效途径。方方等（2019）基于乡村非农就业与农民增收的空间效应，探讨了京津冀地区乡村振兴的地域模式。基于研究区域非农就业不充分及收入不稳定、农业经营主体弱化、农业经营模式落后和农业增收效应较弱等突出问题，提出了要以一二三产业融合为根本，以加快要素有序流动、培育新型经营主体、整治农村土地和培育乡村人才等环节的体系为支撑，促进农村实现共同富裕的目标。乔伟峰等（2019）以定量的研究分析方法探索了江苏省乡村地域功能与乡村振兴的路径，发现江苏省乡村生产发展功能尚需完善，还根据不同的地域类型提出了适宜该区域发展的路径。李志龙（2019）通过构建乡村振兴评价指标体系和乡村旅游评价指标体系，分析了湖南省凤凰县乡村振兴与乡村旅游体系维度结构及动力机制，解析了二者的相互关系及作用机制，虽然指标体系尚有进一步优化的可能性，但对后续学者量化研究乡村振兴的评价体系提供了参考。

综合国内目前乡村振兴的文献来看，大多数文章注重乡村振兴战略的思想解读与经验探讨，倾向于理论化研究。但同时也发现自乡村振兴战略提出以来，越来越多的文章更加注重在特定区域对乡村振兴的指标进行量化分析，从而进行更加直观的解释与论证。随着乡村振兴战略不断的深入推进，今后研究的关注点更加倾向于结合不同的地域特征对乡村振兴的效益进行分析与评价，进而探讨适宜乡村发展的路径机制。本文更多的是基于理论与经验的阐述，为后续的数理研究提供借鉴与参考。

2 科技创新和乡村振兴的耦合分析

虽然我国社会已经进入新时代，但农业和农村产业发展仍普遍存在低投入和低产出、环境破坏和资源浪费、城乡差距依然较大、农户尚未全部脱贫和村落治理较为落后等重大挑战。为了能有效解决面临的这些问题，要把握农业科技在乡村振兴战略中的推动作用，同时也要重视乡村振兴战略的推进对科技创新的反作用。通过分析科技创新和乡村振兴之间的作用机制，可以更好地指导农业科技创新在乡村振兴战略中的应用实践，为实现乡村振兴的目标提供动力支持。

2.1 乡村振兴需要科技创新

农业产业结构同农产品消费结构不适应，需要加强农业科技创新在农产品中的支撑作用。据国家统计局测算，2017 年我国消费占 GDP 比例高达 44.32%，2018 年我国人均 GDP 为 9732 美元，我国中产阶级的人数持续增加。在国内消费需求不断增长的背景下，我国部分农产品出现了供给失衡的状况。例如，我国大豆消费量持续增长，但国内大豆产量却没有出现实质性增加，对进口的依赖度越来越大。与此相反，我国玉米储备量充足，在收储制度改革前，经常出现库存难以消化的情况。

农业资源浪费同农业可持续发展不适应，需要加强农业科技创新在资源有效利用方面的解决力度。与城市相比，由于我国农村资源的循环利用率较低，带来的经济效益也普遍较低，加强农村环境资源的改善变得尤为重要。与此同时，农产品的绿色发展应与国家农产品质量标准挂钩，提升农产品的核心竞争力，需要加大科技投入力度，打造农业竞争特色与优势。

城乡发展差距逐年加大同城乡融合发展不适应，需要充分发挥农业科技创新的作用，使村镇产业焕发生命力。随着数字经济的蓬勃发展，我国拥有资源优势的东部发达地区和西部地区的大城市会得到优先发展，而偏远落后的农村地区与城市发展之间的差距会逐渐拉大。经济发展的快慢在一定程度上影响创新程度的高低。根据国家统计局数据整理发现，我国城乡居民可支配收入在 2018 年的差额达到了最大值 24633.81 元（见图 1），且拉大的趋势越来越明显。因此我国在乡村振兴过程中应不断加大科技创新力度，减小农村与城市发展之间的差距。

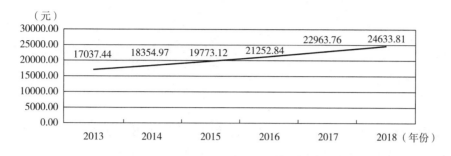

图1 城乡居民人均可支配收入的差额

乡村文化不和谐、治理不规范同乡风文明、治理有效不适应，需要加强农业科技创新在思想引领和乡村治理方面的作用。长期以来我国注重城市建设，乡村治理前瞻性不足，被动治理明显，有效激发农村建设的动力不足，缺乏常态化的内生激励机制。农村是我国基层自治组织，在社会基层运用科技手段加强农村建设，是社会主义尽早实现现代化的可靠保证。

2.2 科技创新带动乡村振兴

为了更好地实施乡村振兴战略，政府应大力推动社会各界主体将科技创新资源带到乡村建设中去，不断探索科技资源与乡村振兴战略总要求的匹配度和适应性，促进两者要素之间的流动和两者内部之间的成果转化。除此之外，结合国内外科技创新和乡村振兴的实践经验，总结适宜我国国情的发展规律，牢牢把握农业科技在乡村振兴中的积极作用，积极促进农业科技成果的转化。

2.3 乡村振兴和科技创新需要优势互补，相互促进

乡村振兴战略和创新驱动发展战略均是我国既定的战略决策，除了要把握好每个战略内部之间的有效联系，还要充分激发两大战略之间的资源互补。在实现乡村振兴战略总目标的过程中，应强化科技创新在五大要求中的应用与实践，依靠现代媒介手段，充分发挥政府服务职能，在资源禀赋良好的农村积极引进农业创新专利和科技创新人才，推动农业科技创新成果的快速转化。在乡村振兴战略推进中，这将有利于激发科技创新在农村建设领域的活力。随着科技创新在农村经济方面的应用实践，原有的科技产品将难以在新时期得到更好的推广和应用，这会倒逼涉农科技创新的有关组织积极投身于科技的更新研发，最终促进科技创新和乡村振兴两者相互发展。

3 科技创新驱动乡村振兴的路径探析

科技创新驱动乡村振兴是一项系统工程，要探索科技创新推动乡村振兴的发展路径，需要建立基本的解释框架，以此引领整个系统的运行。

3.1 调动多元主体参与，发挥主体建设优势

实现乡村振兴需要社会多元主体的共同参与，我国各级政府部门应发挥好组织与服务的作用，积极促进社会多元主体的有机整合，使科技创新驱动乡村振兴的效果达到最大化。图2是政府、企业、科研机构、高校和农民五大主体通过科技创新驱动实现乡村振兴总要求的路径传导机制。该机制体现了在科技创新驱动乡村振兴的过程中，要以科技创新为核心，以乡村振兴五大要求为目标，五大主体平等参与、相互配合，深入挖掘各自优势，多角度、全方位地促进目标实现。需要指出的是，五大主体不是相互孤立的，而是相互协同，相互联系的。从图2中可以发现五大主体均是由"人"这个基本单位构成，要想实现机制的有效运转，需要积极调动"人"的积极性，而这样的"人"是科技人、政策人和科研人

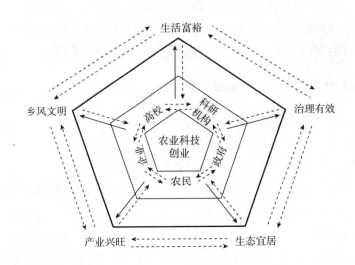

图2 多元主体参与科技创新驱动乡村振兴的路径

注：——表示决定；- - ·表示影响。

等的集合体。五大主体的紧密联系也促使乡村振兴战略的五大要求相互影响、相互联系。因为农村产业发展会增加村民收入，村民收入增加会要求更好的居住环境，好的居住环境要求提升农村的治理水平，治理水平的提升进而又会促进乡风文明的实现，乡风文明的实现也会促进共同富裕的进一步实现。乡村振兴战略五大要求的实现也代表农村经济发展达到了一定的水平，最终会以更多、更优质的资源促进科技创新在农村建设中的进一步实现。

乡村振兴最终的受益者是农民，在机制建立时要以农民的利益为出发点，形成以多元主体共同促进农民生活富裕的新格局。政府应加大出台农业科技创新企业的激励机制，例如，通过补贴或减税激发涉农企业的创新活力，探索出适宜当地农村发展的模式路径，开辟出"企村"互助发展的新模式。科研院所应积极领会国家乡村振兴战略意图，将懂技术、懂方法、懂市场的科技人才派往资源禀赋丰富的地区，因地制宜地将科学技术应用到农产品和农业发展中。相关部门也应建立配套的激励机制，按科技人才在农村建设中的成果实行能力责任制，拓展科技人才的晋升途径，以此激发科技人才在乡村振兴中的积极性。科技人才在农村期间，农民也应主动参与到科技推广活动之中，同科技人才沟通，尽快了解并掌握相关技术。高校应重视农业及生物科学建设，加强人才队伍建设，培养促进农业高质量发展的杰出人才。

3.2 优化政策沟通渠道共建创新驱动平台

根据上一小节所述，实现乡村振兴需要多方主体的共同参与，但农民、企业、高校、科研机构和政府之间的政策沟通畅达也很重要，本小节重点说明需要建立全方位的政策传导机制，将各个主体之间信息不对称的危害降到最低。

搭建资源共享机制。如图3所示，构建村级资源数据库网站，以国家主管农村发展的部门为主导，统一规划资源数据库网站，乡镇直接指导各村级数据库网站的搭建。在数据库网站中要指明村落基本情况、资源优势概况、目前发展状况等单元。最重要的是，村级资源数据库网站不仅要实现村村联网、村村交流的畅通，也要实现同科技创新企业协会网站、政府网站之间政策传导的畅通，实现信息平等共享。资源数据库网站的搭建简化了信息获取渠道，有利于实现政策与信息的直线连接共享，有效激发基层农村的市场参与性，为整个国内市场技术等资源要素的流动提供强大的平台支撑。同时，资源数据库网站的搭建有效降低了时间成本，加快了农村要素之间的流动。

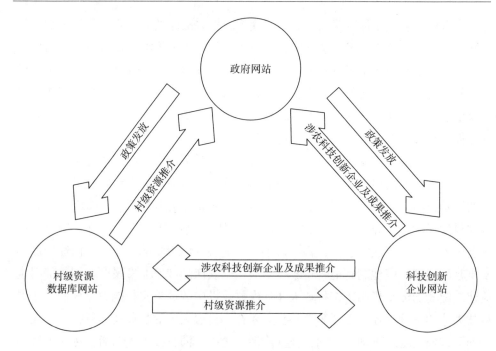

图3 村级资源数据库网站、科技创新企业网站和政府网站政策信息传导共享机制

3.3 把握城乡融合和农村三产融合发展

实现农村一二三产业的融合发展，需要与"四化"有效对接，加快人才链、创新链、利益链和价值链的构建与完善，并发挥相互之间的协同效应。城乡融合发展的前提是要实现城乡一体化发展，城乡一体化发展的实现需要城乡产业之间的高度协同，而产业集中度高的地区往往在城市，为了实现城乡一体化发展，势必要推动城市的产业向农村转移，而产业的转移会加速农村一二三产业的融合，从而缩小城乡产业之间的差距，进而缩小城乡差距，在农村产业质量提升之后，农村凭借自身优势（例如环境质量）吸引城市居民的迁入，进而带动资源要素的流动，从而加速乡村振兴战略目标的实现。所以城乡融合发展和农村一二三产业是密切关联、相互促进的统一体。

需要指出的是，农村地域面积较小，产业融合往往需要借助更高的平台，而城镇作为农村和城市之间的过渡区，无疑在获取农村生产要素以及促进城市创新要素的转化方面更加便捷。以城镇为落脚点，可以结合农村与城市的比较优势，不断发挥城镇建设职能，促进农村、城镇和城市之间的经济联系，在地理空间上会逐渐演变形成以城镇为连接点的城市带，城乡融合发展的目标也会早日实现。因此，发挥农村产业融合和城乡融合的共同作用，是乡村振兴战略实施过程中的有益尝试。

4　小结

在科技创新推动乡村振兴的过程中，首先要注重"人"在农村经济中的建设作用，即多个主体之间要充分发挥各自优势，密切联系。这需要政府发挥应有的服务职能、科技创新企业建立涉农激励机制、科研单位和高校保证科研成果和学术研究的独立性以及农民充分发挥艰苦奋斗的精神。在有效发挥每个"人"的作用的同时，还需要搭建信息与政策共享平台，以农村、企业和政府为主要联结点，实现自有信息在网络上的共享交流，促进要素之间的快速流动，加强农村经济快速发展。推动城乡融合是社会大发展的关键，积极将农村产业融合和城乡融合有效对接，是缩小农村与城市经济差距的有益尝试。

参考文献

［1］张来武．科技创新驱动经济发展方式转变［J］．中国软科学，2011（12）：1－5．

［2］张海鹏，郜亮亮，闫坤．乡村振兴战略思想的理论渊源、主要创新和实现路径［J］．中国农村经济，2018（11）：2－16．

［3］张梅，杨志勇，高志杰．农机合作社的管理机制和模式——来自法国和加拿大的经验［J］．世界农业，2016（2）：74－77．

［4］马洁．法国农业旅游的发展经验与启示［J］．世界农业，2016（4）：144－147．

［5］刘英杰，李雪．德国农业科技创新政策特点及其启示［J］．世界农业，2014（12）：1－3，6．

［6］胡月，田志宏．如何实现乡村的振兴？——基于美国乡村发展政策演变的经验借鉴［J］．中国农村经济，2019（3）：128－144．

［7］曹斌．乡村振兴的日本实践：背景、措施与启示［J］．中国农村经济，2018（8）：117－129．

［8］高强，孔祥智．农业科技创新与技术推广体系研究：日本经验及对中国的启示［J］．世界农业，2012（8）：9-16．

［9］张俊，陈佩瑶．乡村振兴战略实施中内生主体力量培育的路径探析——基于韩国新村运动的启示［J］．世界农业，2018（4）：151-156．

［10］张来武．创新驱动城乡一体化发展的理论思考与实践探索［J］．中国软科学，2015（4）：1-7．

［11］方方，何仁伟，李立娜．京津冀地区乡村振兴地域模式研究——基于乡村非农就业与农民增收的空间效应［J］．地理研究，2019，38（3）：699-712．

［12］乔伟峰，戈大专，高金龙，等．江苏省乡村地域功能与振兴路径选择研究［J］．地理研究，2019，38（3）：522-534．

［13］李志龙．乡村振兴-乡村旅游系统耦合机制与协调发展研究——以湖南凤凰县为例［J］．地理研究，2019，38（3）：643-654．

［14］王有国．区域经济和创新能力发展与人才资源结构相关性研究——以北京市大兴区为例［D］．北京理工大学博士学位论文，2015．

第二篇　生态法制建设

世界遗产地敦煌莫高窟生态保护的法律机制

穆永强　米　瑞

（兰州理工大学法学院，甘肃兰州，730050）

摘　要： 敦煌莫高窟是丝绸之路上的艺术瑰宝，也是世界上现存规模最大、内容最丰富的佛教艺术地。但是，莫高窟所在的敦煌地区气候干旱，沙尘暴频繁，导致莫高窟壁画脱落、彩塑受损、崖体坍塌。作为不可移动文物，莫高窟的保护受到环境的限制，追本溯源，控制和保护敦煌的生态环境至关重要。同时，为了加强对敦煌莫高窟的保护、管理和利用，弘扬中华民族优秀历史文化，保护莫高窟遗产的完整性和真实性，促进遗产的可持续发展，使莫高窟走上更科学保护的轨道，本文以《甘肃敦煌莫高窟保护条例》为切入点，从环境法的角度研究莫高窟法律机制及生态现状，并对敦煌莫高窟的生态保护提出若干建议。

关键词： 生态保护；文化遗产；法律机制

　　文化遗产是全人类的共同财富，既承载着人类的精神文化价值，又关乎地球的生态安全。近年来，我国进一步加强自然文化遗产保护管理，加大对文化遗产地生态保护修复的支持力度，既维护了生物及文化多样性，又促进了区域经济可持续发展，为全球文化遗产保护贡献了中国智慧和中国方案。以敦煌为名的敦煌学，已经从最初的考古学发展成为一门包含历史、艺术、社会及经济等多方面价值的国际显学。敦煌学的核心物质载体，是集石窟艺术、壁画作品与遗书史料于

　　作者简介：穆永强（1975—），男，吉林松原人，兰州理工大学法学院副教授，法学博士，研究方向为文化遗产法。米瑞（1994—），女，甘肃陇西人，兰州理工大学法学院硕士研究生，研究方向为知识产权法。

一体的历史遗迹——莫高窟。因此，莫高窟遗址保护及生态保护就显得尤为重要。

1 敦煌莫高窟生态保护法律机制现状

1.1 莫高窟遗址及生态的法律保护现状

1944 年，"国立敦煌艺术研究所"（现为敦煌研究院）成立，开始了对敦煌莫高窟的保护和管理工作。敦煌学者樊锦诗曾将莫高窟的保护分为三个阶段：第一，艰苦创业阶段（1943～1950 年），"国立敦煌艺术研究所"第一任所长常书鸿先生在当时条件简陋、人才稀缺、资金匮乏的艰苦环境中，带领十余人进行莫高窟的保护与研究，奠定了莫高窟保护与研究的雏形。第二，全面整修时期（1950～1980 年），敦煌研究院通过吸取先进科学技术成果，不断积累保护经验，开始了逐步探索的过程。第三，科学保护时期（1980 年至今），莫高窟的保护由以抢修为主转变为以预防为主，同时对莫高窟进行了更全方位、深入地保护与研究。

1987 年 11 月，莫高窟申遗成功，入选《世界遗产名录》，通过《保护世界文化与自然遗产公约》（以下简称《公约》）进行保护，并可接受"世界遗产基金"提供的援助，这也证明了莫高窟具有独特的和全球性的价值，同时肯定了莫高窟的文化价值和艺术价值。1982 年，《中华人民共和国文物保护法》（以下简称《文物保护法》）正式以基本法的形式确定了文物的法律地位。"文物"是人类社会历史发展进程中遗留下来的、由人类创造或者与人类活动有关的一切有价值的物质遗存的总称①。自鸦片战争以来，列强不断入侵，使我国的珍贵文物大量毁损。改革开放后，经济的快速发展也使许多重要文物被"建设性破坏"。此外，一些利欲熏心的不法分子将珍贵文物转卖到国外，造成珍贵文物大量流失。为了遏制文物流失与古迹破坏，制定了《文物保护法》。之后虽进行了三次修改，但《文物保护法》始终没有涉及生态保护问题。2005 年 10 月 21 日，国际古迹遗址理事会（ICOMOS）第 15 届大会在中国古都西安落下帷幕。会议引人注

---

① 穆永强，张水菊. 文化财产概念的界定 [J]. 前沿，2014（ZC）：84－85.

目的成果之一是通过了一份关于保护文化遗产环境的《西安宣言》。来自全世界的近千名文物、考古、建筑、园林、规划、法规、景观等方面的专家，字斟句酌，百般推敲，最后一致通过了这一历史性的文献。《西安宣言》第一次系统地确定了古迹遗址周边环境的含义，并建议不能对周边环境进行单一理解，需要利用多学科的知识和各种信息资源充分理解。它提出应当在遗址周围设立保护区或缓冲区，通过规划控制外界急剧变化对遗址周边环境的影响，同时古迹及周边环境的变化应当受到监控和管理。《西安宣言》最后还指出，当地和相关社区的协力合作与沟通是周边环境保护和管理可持续发展战略的重要组成部分。《西安宣言》的进步之处在于它的制定是为更好地保护世界古建筑、古遗址以及其周边环境，通过宣言的方式促进各国通过立法、政策制定等措施来重视和加强文化遗产的保护，其意义是非凡的。2011 年，《敦煌莫高窟保护总体规划》（以下简称《规划》）公布实施。《规划》的编制、修改和完善历时八年，成为中国文化遗产的第一个国际合作规划项目。《规划》致力于对莫高窟整体的保护，除了文物及建筑本身以外，周边及地下均被列为保护对象。《规划》充分关注遗产环境在遗产价值中的作用，统筹规划了遗产地的遗产保护、生态保护和旅游发展，有效保护了敦煌莫高窟遗产的真实性、完整性和延续性。

1.2 《甘肃敦煌莫高窟保护条例》的实施现状

为了承接上位法《文物保护法》和解决文化遗产生态保护问题，2002 年 12 月 7 日，甘肃省第九届人民代表大会常务委员会通过了《甘肃敦煌莫高窟保护条例》（以下简称《莫高窟保护条例》），该条例除了规定莫高窟的保护应当坚持"保护为主、抢救第一、合理利用、加强管理"的方针外，还规定莫高窟的保护应当纳入甘肃省国民经济和社会发展计划和敦煌市城乡建设总体规划。《文物保护法》与《莫高窟保护条例》相比而言，《文物保护法》处于上位法的地位，负责原则性的指导与制度构建。《莫高窟保护条例》处于下位法的位置，负责莫高窟遗迹的具体保护工作，例如，划定莫高窟的保护范围、设立专门保护机构等，还增设了一系列符合莫高窟特性的保护规范。此外，作为下位法的《莫高窟保护条例》补充了上位法无法涉及的保护内容，例如，从莫高窟旅游承载力出发，实施洞窟轮休制度。从《莫高窟保护条例》的实施效果来看，第一，恪守世界遗产保护国内及国际法规，加强生态保护法制建设，划定敦煌莫高窟重点保护区和一般保护区。第二，通过国际合作，实施莫高窟崖顶风沙危害综合防治试验研究，建成两平方公里的治沙林带，完善莫高窟崖顶风沙防护体系。第三，加强莫高窟周边风沙治理。第四，落实国家草原生态保护补助奖励政策。第五，敦煌市推进节水型社会建设。敦煌生态状况实现了由严重恶化向整体遏制、局部好转的历史性转变。

相关部门在制定《莫高窟保护条例》之初就认识到需要将环境保护纳入莫高窟保护的考量范围。但是，在"保护管理与利用"一章中，仅模糊概括地规定"需要对环境进行保护"，没有进一步说明如何保护环境，并且没有保护环境的专门条款。所以，《莫高窟保护条例》在"原则"与"保护对象与保护范围"中提及的保护环境只是空谈，我们可以理解为，《莫高窟保护条例》将"环境"限定为"文物"的一部分，认为"保护文物"等同于"保护环境"。《莫高窟保护条例》考虑的环境保护，是对任何可能对莫高窟遗迹造成影响的环境因素进行保护，而不是全局上的环境保护。

2 莫高窟生态保护法律机制存在的问题

2.1 莫高窟生态保护及修复的法治不健全

如前所述，《莫高窟保护条例》对莫高窟遗址周边生态环境保护及修复的规定不够明确，《莫高窟保护条例》作为莫高窟遗址保护的主要适用法规，必须涵盖莫高窟文物保护及周边环境保护，制定具体的保护范围，包括土壤、空气、水、气象对莫高窟遗址的影响以及如何保护周边环境等，而不能只是概括地制定法律法规。此外，对莫高窟损坏修复问题，应当制定出具体的修复方案。导致莫高窟文物损坏的因素一般包括自然因素和人为因素。自然因素包括岁月消磨、自然灾害等，主要是因为莫高窟历史悠久，不可避免出现的问题；人为因素主要是部分游客的不文明行为和游客游览量过多等。对于上述问题，具体有效的修复方案也是制定法律法规的过程中必须要考虑的。

2.2 莫高窟的保护与利用不平衡、不充分

在我国经济不断发展，人民不断追求生活品质、崇尚现代建筑的同时，许多文化遗产和历史建筑都不同程度地遭到了人为破坏，因此，莫高窟早期的修复多为抢救性修复。如今，在社会各方的努力下，莫高窟开始逐步向预防性修复过

渡。近年来，莫高窟的遗址保护及生态保护越来越受到重视，但在利用莫高窟文物以使其最大限度地发挥出应有价值方面，明显做得不够。

2.3 敦煌文化遗产传播力度不够，无法让文物真正"活起来"

敦煌研究院在研究和保护敦煌石窟的同时，注重挖掘敦煌文化中的人文价值和精神内涵，并且不断地进行文化创意方面的探索，试图让敦煌石窟的壁画、塑像都"活"起来。但是，由于敦煌文化遗产的传播力度不够，很多人无法真正认识到敦煌莫高窟的文化价值和历史底蕴。虽然近些年敦煌研究院在国内甚至奥地利、美国、德国等举办了多场艺术展览，但若想让全国甚至全世界人民认识这一伟大的文化遗产，显然，这只是冰山一角。莫高窟的文化传播做好了，它就会成为中外多元文化交流的结晶。构建数字化传播模式，使文化遗产的数字化传播有规律可循，有经验可借鉴，对于实现文化遗产的永久保存和有效传播具有历史性意义。

3 敦煌莫高窟生态保护法律机制的完善建议

3.1 贯彻落实《西安宣言》，加强遗址周边的环境保护

《西安宣言》的产生，表明中国以大国的身份参与了世界文化遗产保护规则的制定。在加速变化和发展的条件下，《西安宣言》在充分保护和管理古建筑、古遗址与历史区域（诸如古城、自然景观、古迹路线和考古遗址）方面积累了丰富的经验，对莫高窟遗址及周边环境的保护起到了很好的借鉴和指导作用。保护周边环境，需要利用多学科的知识和各种不同的信息资源，并结合本地区实际情况制定相应的保护措施，认真贯彻落实《西安宣言》，根据《西安宣言》完善与莫高窟相关的立法，加强莫高窟周边的环境保护。

3.2 完善《莫高窟保护条例》，制定环境保护与修复的专项条款

首先，在《莫高窟保护条例》中，明确莫高窟环境保护与文物保护在条款中的分配比重，实现莫高窟文物保护与环境保护的同步协调推进。其次，《莫高窟保护条例》应当创设环境保护方面的专项条款。应当从洞窟窟体、洞窟壁画等

问题出发，制定具体环境因素方面的保护条款。例如，就莫高窟的水土流失问题，制定相应的土壤保护的规定，规定未经许可不得滥砍滥伐，避免一些企业因受利益驱使而破坏土壤，毁林开发。还可以提倡植树造林，并给予积极响应者一定的物质奖励等。对于莫高窟文物的修复问题，要明确由谁来修复并制定出切实可行的修复方案。莫高窟是公共文化遗产，周边环境很容易遭到人为破坏，因此，《莫高窟保护条例》必须明确规定应当如何保护环境、保护什么样的环境以及如何修复文物等问题。

3.3 平衡莫高窟的保护与利用，向世界传播及推广敦煌文化

坚持文物保护与利用相结合，积极开展智慧保护。保护是前提，利用是为了更好地保护文物，应将莫高窟文物的保护与利用结合起来。除了展览、数字化利用之外，还应当注重敦煌文化创意衍生品的开发，让更多人通过文化创意衍生品了解敦煌莫高窟的文化价值，这也是文物利用的创新探索。《莫高窟保护条例》第二十五条规定："敦煌莫高窟保护管理机构对敦煌莫高窟文物和科学保护技术的研究成果，以及由其提供资料制作的出版物、音像制品等，享有法律、法规规定的知识产权"。该条款通过保护文化遗产衍生物的知识产权，规制文物与遗址的开发活动，鼓励科学保护技术的研发，最终实现对莫高窟文物的保护。敦煌研究院在国内文博界率先开展文物数字化保护，首创旅游预约制，并率先开展文物保护专项法规和保护规划建设，从一开始的单纯保护敦煌石窟延伸到保护丝路文明，将敦煌莫高窟的保护与"一带一路"倡议紧密结合起来，将敦煌莫高窟的文化价值与保护技术向"一带一路"沿线国家传播及推广，真正发挥出敦煌文化承载的价值，使敦煌莫高窟真正成为"一带一路"沿线国家认识中国的名片。

3.4 加强生态环境建设，创新体制机制

首先，按照"绿洲外围大范围封滩育林育草、绿洲内大面积人工造林"的思路，切实搞好天然植被封育保护，坚持实施好农田林网、植被封育、退牧还草、绿色通道、重点风沙口治理、野生动植物保护等重点生态建设工程。加大疏勒河、讨赖河、党河水源保护和祁连山区、自然保护区植被保护力度，严格禁止在湿地放牧、旅游、开荒、开矿、挖药材、狩猎等各种人为活动，确保湿地处于原始状态，有效遏制土地荒漠化、沙化蔓延趋势。其次，建立健全党河流域水资源统一评估调度机制，申请设立敦煌国家级生态保护区。推进水权制度改革，大力推进水价制度、交易机制改革，加强用水定额管理，全面推行超定额累进价制

度和阶梯式水价制度，用价格杠杆促进节约用水。制定和完善扶持农民发展高效设施农业和种草养畜的激励机制，促进农民生产方式的转变。

3.5 加强莫高窟生态的国际保护

莫高窟作为世界文化遗产，可以通过《联合国气候变化框架公约》《生物多样性公约》《保护世界文化和自然遗产公约》等进行保护，同时应当遵循可持续发展原则及人类共同利益原则。环境保护是可持续发展的重要方面，既要发展经济，也要保护环境，尤其是保护文化遗产周边的环境。由于历史原因，文化遗产周边的环境更容易遭到毁损和破坏。此外，莫高窟的保护涉及人类共同利益，其生态问题也是全球存在的问题，探索敦煌生态环境的保护及修复技术有利于推动全球环境的保护，治理和保护莫高窟的生态是全人类的责任。

随着我国经济的不断发展，许多文化遗产及历史建筑都遭到了不同程度的人为破坏，敦煌莫高窟就是典型的例子。经济发展固然重要，但如果要以破坏文化遗产为代价，明显是得不偿失的。文化遗产是中华民族的根基，是世代历史的见证。我们应当将文化遗产的保护置于首位，在保护文化遗产的前提下发展经济才是我们应当遵守的准则。此外，完善《莫高窟保护条例》，制定环境保护的专项条款，真正做到有法可依、有法必依，保护文化遗产的真实性与整体性。同时保护莫高窟是全人类的责任，要遵循可持续发展原则及人类共同利益原则。坚持文化遗产保护与生态环境保护并重的道路上，我们还面临着很多问题，有待进一步探索研究。

参考文献

［1］姜渊．论敦煌莫高窟环境保护与文物保护的协调共进——由《甘肃敦煌莫高窟保护条例》说开去［J］．西北民族大学学报（哲学社会科学版）2018（5）：137－143．

［2］樊锦诗．敦煌石窟保护与展示工作中的数字技术应用［J］．敦煌研究，2009（6）：1－3．

［3］樊锦诗．基于世界文化遗产价值的世界文化遗产地的管理与检测——以敦煌莫高窟为例［J］．敦煌研究，2008（6）：1－3．

［4］王云霞，张蕊．"一带一路"倡议下文化遗产国际区域合作的法律思考［J］．西北大学学报，2018，48（3）：90－98．

［5］马德．敦煌文化遗产数字化保护之浅见［J］．敦煌学辑刊，2013（2）：

158 – 161.

［6］郭旃.《西安宣言》——文化遗产环境保护新准则［J］.中国文化遗产，2005（6）：6 – 7.

［7］于龙龙.敦煌莫高窟壁画病害产生及发展历程研究［D］.北京化工大学硕士学位论文，2013.

［8］孔令瑾.文化遗产的数字化传播模式建构——以敦煌莫高窟为例［D］.西北民族大学硕士学位论文，2018.

［9］穆永强，张水菊.文化财产概念的界定［J］.前沿，2014（ZC）：84 – 85.

［10］陆浩.拯救湿地保护绿洲——关于敦煌生态问题的思考［J］.求是，2008（11）：14 – 16.

浅析西北地区新型城镇化
过程中的生态法治建设

唐佳敏

（兰州理工大学，甘肃兰州，730050）

摘　要： 新型城镇化是统筹城乡发展，建立以城乡一体、节约集约、生态宜居、和谐发展为主要特征的城镇化。传统的城镇化往往片面地注重城镇化率的提高。新型城镇化则强调内部质量的整体改善。这是为了促进城市化从注重更大规模到注重质量内涵转变。因此，在新型城镇化进程中生态文明建设尤为重要，新型城镇化进程中的生态文明建设需要生态法治的支持。本文以陕西省为例，分析了西北地区新型城镇化进程中生态法治建设存在的城市生态环境保护机制不完善、难以实施公众参与机制等问题，从而提出通过完善城镇生态环保机制、健全资源节约集约制度等途径来推动西北地区生态法治建设。

关键词： 新型城镇化；生态法治；西北地区

　　建设生态文明是中华民族永恒发展的千年目标，关乎人民的福祉、国家的未来，功在当代，利在千秋。中国共产党第十八次全国代表大会的报告指出，面对资源严重短缺、环境污染严重、生态系统恶化的问题，要树立尊重自然，符合自然发展的生态文明理念，把生态文明建设放在突出位置，使其融入经济、政治、文化、社会建设的各个方面和环节，努力建设一个美丽的中国。《陕西省新型城镇化规划（2014—2020 年）》明确指出：坚持生态文明，绿色低碳。按照绿色发展、循环经济、低碳发展的要求，建立绿色低碳循环发展的经济体系，建设有效

　　作者简介：唐佳敏（1996—），女，陕西商洛市人，兰州理工大学硕士研究生，主要研究方向为自然资源与环境保护法。

实施机制，合理控制城市发展边界，提高现有空间利用效率，节约和集约利用土地、水、能源等资源。在新型城镇化进程中，生态文明建设应该处于重要地位，生态文明建设离不开生态法治的保护。因此，有必要不断加强包括陕西省在内的西北地区的生态法治建设，促进新型城镇化的发展。

1　新型城镇化与生态法治的关系

中国科学院生态环境研究中心城市生态学专家王如松院士指出，新型城镇化并不是城市人口比例和城市土地面积扩大的简单增长。我们必须在工业支持、人类住区、社会保障和生活方式等许多方面实现从"村庄"到"城市"的转变。环境保护要从末端治理向"污染防治、清洁生产、生态工业、生态基础设施、生态管理区"五个同步建设的生态文明转变。新型城镇化的发展离不开生态文明的建设，而生态法治是生态文明建设中一个尤为重要的环节。因此，只有合理利用新型城镇化和生态法治的关系，才能更好地推动城镇化的发展。

1.1　生态法治为新型城镇化提供重要保障

法治是治国理政和建设法治国家的基本方式，生态法治是中国特色社会主义法治的重要组成部分。进入工业文明时代之后，经济的快速发展和财富的大量积累前所未有地提高了人们的生活水平。但是资源短缺、环境污染等生态问题，促使人们反思人类幸福的真正内涵，并深刻意识到"绿色发展"的环境友好型文明形态是国家取得长远发展的根本大计，需要通过法律手段而不是部分人的主观意识来进行治理。加强生态法治，有利于促进西北地区新型城镇化的绿色转型和绿色发展，实现西北地区新型城镇化绿色治理能力的现代化。它为西北地区的新型城镇化提供了重要保障。2018 年《中华人民共和国宪法修正案》明确提出"推动物质文明、政治文明、精神文明、社会文明、生态文明协调发展"，将生态文明建设写入国家根本大法，从立法上宣告生态建设是国家的根本制度，具有庄严神圣不可动摇的地位。通过法治建设生态文明，完善社会主义法治，是实现建设"富强民主文明和谐美丽的社会主义现代化强国"目标的有力保证。

1.2 发展新型城镇化客观需要建设生态法治

新型城镇化是农村经济发展和农业现代化可持续发展的必由之路，但它同时也带来了非常严重的生态环境问题。随着西部大开发战略的深入实施，"一带一路"建设有力地促进了西北地区新型城镇化的发展。以位于西北重要地区的陕西省为例，2016 年陕西省常住人口城镇化率达到 55.34%，比 2013 年底增长约 4 个百分点，年均增长 1.34 个百分点，居西部地区首位，比同期全国平均增长率高 1.22%。但总体上陕西城镇化仍落后于全国平均水平，特别是"土地城市化"比"人口城市化"更快，城市空间分布和规模结构不合理，产业集聚和人口聚集不协调，"城市病"逐渐加剧。一些城市空间无序发展，重城镇建设、轻管理服务，交通拥挤和环境问题突出，绿地大幅减少。总的来说，城镇化的速度还远远不能满足人们的期望。加强西北地区新型城镇化生态文明建设是大势所趋，为促进西北地区城镇化的绿色和低碳转型，必须不断加强和完善生态法治建设。

2 西北地区新型城镇化过程中生态法治建设现状及出现的问题

西北地区地形地貌多样，发展条件不同，新型城镇化道路不同，生态法治建设的状况也不同。以陕西省为例，在重点工作上，陕西省推进新城镇化"四个结合"，推进保障性住房建设、移民建设、县乡建设、特色城镇建设。在过去的五年里，总共有 454 万人搬进了新房子。近年来，陕西省认真落实党中央、国务院推动新型城镇化的一系列重大决策安排，按照"五个扎实"的要求，全面实施"五新"战略，坚持"建设西安、美化城市、加强县域建设、扩大集镇、搞好社区建设"的总体思路，坚持走"以人为本、四化同步、生态文明"的新型城镇化道路，积极稳妥地推进了城镇化进程，城镇化进入了快速发展阶段。总的来说，西北地区的新型城镇化在经济和文化等方面取得了显著成效，但仍存在许多问题。其中，生态文明建设中的生态法治不够完善，难以为新型城镇化的发展提供有力的法律保障。

2.1 城镇生态环保机制不完善

2017 年，陕西省颁布了《陕西省秦岭生态环境保护条例》，但该规定主要涉及秦岭区域内生态环境保护，与新型城镇化建设不相适应。此外，陕西省城乡环境保护体系薄弱，城乡水体、大气和土壤污染较为严重，城镇污水、垃圾及工业废弃物等处理率低，城市绿化覆盖率低，城镇环境质量差。与城市相比，乡镇环保工作起步较晚，基础薄弱，乡镇环境保护法律法规不健全，内容比较简单、原则性不强、操作性不强，仍然有不同程度的不守法和执法松懈现象。由于对农村环境问题认识的滞后和调整机制的缺陷，保护和改善环境还有很长的路要走。目前，中国的城镇环境管理体系具有以下特点：缺乏相关的环境法律，环境保护职责和权力不明确，缺乏环境管理机构，基本没有环境监测和统计工作制度。而且中国最基层的环保机构是县级环保机构，这给乡镇生态环境的监督管理带来了诸多困难。

2.2 资源集约节约制度不健全

城镇化绝不是"城市建筑"的简单建构，也不是建立"空城计划"或"鬼城"。1996~2012 年，全国建设用地每年增加 724 万亩，其中，城市建设用地每年增加 357 万亩。2010~2012 年，全国建设用地年均增长 953 万亩，其中，城市建设用地年均增长 515 万亩。2000~2011 年，城镇建成区面积增长 76.4%，远高于城镇人口 50.5% 的增速。农村人口减少了 1.33 亿人，农村居民点用地增加了 3045 万亩。在城镇化进程中，有些地方误解了新型城镇化的含义，认为城镇化只是土地流转和城市建设，故而仅追求住房和城市景观建设，导致了城镇化进程中大面积的土地占用。一些地区甚至盲目追求城镇化的速度，使城市建设明显与地方经济发展水平分离。大量形象工程、高层建筑和广场相继建成，造成了公共资源的巨大损失。许多城镇在发展中只强调新城区的建设而忽视了老城区的改造，由于没有合理利用老城区土地，浪费了大量土地资源。与此同时，许多大中城市周围的小城镇盲目追求大中城市的特点，模仿大中城市建立高新区、经济区和工业园区，导致大片土地闲置。上述圈地运动严重影响了新型城镇化的发展和生态保护与资源的合理利用。

2.3 城镇绿色低碳生产和生活体系不完善

陕西省煤炭、石油、天然气等资源储量居全国首位，是全国重要的能源生产地和能源出口省份之一，能源生产和消费正处于快速增长阶段。2010年，陕西省工业总产值超过万亿元，工业对经济增长的贡献率达到55.6%，第二产业的比重比全国平均水平高7个百分点。2010年，陕西省排放了约2.63亿吨二氧化碳，碳源主要来自化石能源燃烧和工业生产过程。与此同时，小城镇生活垃圾露天堆放，没有经过任何处理。由于乡镇生活垃圾实施分散管理模式，污染成本常常转嫁到附近的小城镇。工业化和城市化是相辅相成的，在城镇化进程中，西北地区存在工业结构不合理、工业污染控制不力的问题，因此环境控制的速度无法赶上环境污染的速度，环境退化日益严重。此外，随着城市污染治理的加强，一些被迫关闭的重污染企业从城市"转移"到农村地区，加剧了乡镇污染。目前，超过10%的耕地面积受到了重金属污染，估计有1.5亿亩。同时，污水灌溉污染了32.5万亩耕地，固体废弃物储备毁损了200万亩土地。土壤污染的背后是粮食安全问题。环保部门估计，每年有1200万吨粮食被重金属污染，造成的直接经济损失超过200亿元。对于地广人稀、一二产业占有重要比例的西北地区来说，日益严重的土壤污染实际上已经破坏了18亿亩耕地的红线，甚至可能给我国带来新的粮食危机。

2.4 公众参与机制在实践中难以落实

公众参与机制是生态法治建设中的一个重要环节。我国的《环境影响评价法》对环境影响评价过程中的公众参与作出了相关规定，指出应当以举行听证会等形式，公开听取相关公众的意见。此外，《环境信息公开办法》规定了应当在环境保护方面做好公众参与的工作，提高信息透明度。但是，目前我国的公众参与机制仍存在难以落实的问题，原因在于以下几点。第一，政府信息公开工作在实践中未能全面落实。在我国，大多数城市的垃圾处理项目在开工建设前并未向公众公开，或者公开的信息不够具体，没有达到政府环境信息公开的实质效果。第二，社会公众在环境保护方面的权利意识较低。这是我国长期以来的国情所决定的，在以后的发展建设过程中，应进一步提高公民在环境保护方面的权利意识。第三，公众参与环境保护的相关法律仍有待完善。因此，在新型城镇化建设过程中，公众参与环境保护的积极性和公民的环境权利意识都存在一定程度上的欠缺和不足，仍有待提升和完善。

3 西北地区新型城镇化的生态法治建设对策

2012 年 12 月 15～16 日中央经济工作会议在北京召开。会议提出了 2013 年经济工作的主要任务：积极稳妥地推进城镇化，着力提高城镇化质量，因地制宜，积极引导城镇化健康发展。城镇化是中国现代化建设的历史任务，是扩大内需的最大潜力。城镇化建设要构建科学合理的城市宏观布局。大中小城市、小城镇和城市群必须科学安排，与区域经济发展和产业布局紧密相连，与资源环境承载能力相适应。同时，要把生态文明的概念和原则充分融入城市化的全过程，追求集约化、智能化、绿色化、低碳化的新型城镇化。长期以来，我们已经习惯了广泛的土地利用和能源利用，在提出新型城镇化之后，必须明确走资源节约和环境友好型道路的重要性。

3.1 完善生态环保法治机制

3.1.1 健全和完善城镇森林、绿地保护法治建设

城镇森林和绿地生态系统是新型城镇化维持生态平衡的关键要件。为推动西北地区新型城镇化生态法治建设，应全面加强城镇森林生态系统建设和绿色生态系统法治建设。首先，要建立和完善城市绿化体系。在新型城镇化进程中，以法律法规的形式明确建设资金和城市森林建设，大力实施绿地建设、湿地保护、河流生态治理、沙漠管理、野生动植物保护等生态工程的具体内容，加强森林绿地保护，扩大森林绿地面积和森林生态空间。改善环境质量，扩大城市绿化生态空间，改善城市生态环境和生活条件，建设生态宜居城镇。其次，建立健全城市绿化管理体系，完善城镇绿化规划体系。要合理确定森林和绿地指标，优化各种森林和绿地布局，提高城镇绿化规划的科学和艺术水平，完善绿化责任制度；合理确定绿色补偿费标准，并建立城镇森林绿色补偿专项资金和绿地建设补助；完善非法绿化报告制度。

3.1.2 健全和完善城镇环境保护法治建设

加强城镇环境保护是提高城镇居民环境质量的重要举措。西北新型城镇化的生态法治建设应加强城镇环境保护的法治建设。一是完善城镇环境保护法律法规。以陕西省为例，重点加强农村环境保护法律体系建设，加强农村污染防治、

生态保护和资源管理体系建设。加强土壤污染防治法律建设，防治化肥污染，大力实施农村环境综合整治。规范乡镇企业污染扩散和城乡污染转移，全面整顿农村景观，促进城镇化进程中农村的可持续发展。二是完善城市环境保护相关制度。完善全面的环境改善体系，严格按照新的城镇化规则，制定环境保护计划，严格控制城市环境准入。严格控制大气、地表水、环境噪声等污染物总量，严格控制城市环境污染。加强城市污水处理系统建设，确保各功能区城市环境质量达标，加强城市垃圾和工业废物处理设施的建设和运行，促进项目建设运营的市场化和产业化，合理规划好城镇生活垃圾、工业废物和污水处理的比例。

3.2 健全资源集约节约法治制度

3.2.1 完善城市土地保护法治建设

综合利用土地资源是促进城市可持续发展的重要物质基础。要加强西北地区新型城镇化的生态法治建设，必须保护土地资源。一是增加有关城镇土地保护的法律法规规定。在战略机遇期，应深刻理解土地资源的工作，抓住新的机遇和土地资源开发的新要求，加强耕地资源保护，通过科学技术创新手段有效利用土地资源，提高能源资源安全保障水平和支持能力，加强土地退化防治和地质环境保护，提高土地资源监管和服务效率。二是通过土地集约化养护系统引导城镇集约发展，优化城镇建设用地结构，减少城镇发展对优质耕地和重要生态保护区的影响，提高城镇资源的环境承载力，合理安排工业和生活设施，实现资源节约目标。

3.2.2 健全和完善城镇自然资源保护法治建设

完善城镇自然资源保护法治建设。自然资源是关系城镇经济社会发展和人类福祉的重要环境因素。健全和完善西北地区新型城镇化进程中的生态法治建设，要大力加强城镇自然资源保护的法治，完善城镇自然资源保护的法律法规。以陕西省为例，重点保护城镇土地资源、水资源、矿产资源、生物资源和农业资源等自然资源。加强对自然资源保护工作的监督，明确自然资源资产管理中的权利与义务关系，实施自然资源补偿制度。节约和充分利用自然资源，建设资源节约型产业。

3.3 完善绿色低碳生产生活法治保障制度

3.3.1 健全和完善城镇绿色低碳生产法治建设

健全和完善城市绿色低碳生产法治建设。绿色低碳生产是加强城镇可持续发展能力的重要举措。首先，要完善城镇绿色低碳生产的法律法规。以陕西省为例，完善城镇绿色低碳生产制度，加快城镇工业企业的转型升级，为高耗能、高污染企业制定合理的税收制度。引导"绿色设计""绿色生产""绿色包装"和"绿色循环"，促进城镇节能减排，推动形成生态环保和绿色低碳的现代化生产生活方式。通过有效的系统设计，促进和实施绿色低碳生产生活法律体系的建设。其次，完善城镇绿色低碳生产相关体系建设。最后，完善城镇绿色低碳技术标准体系，制定绿色建材、绿色商场、绿色市场、绿色交通等绿色标准，遵循"统一生产"的标准化管理要求、统一的技术标准、统一的产品质量，加快农产品深加工、高附加值产品的标准化生产，建立标准化的国家卫生组织。

3.3.2 健全和完善城镇绿色低碳生活法治建设

城镇绿色低碳生活是生活方式和消费模式向勤俭节约、绿色低碳和文明健康方向的积极转变。加强西北地区新型城镇化过程中的生态法治建设，一是应大力加强绿色低碳生活法治建设。以陕西省为例，政府应承担宣传教育、制定正确决策、给予技术和资金扶持的责任，指导生产者和消费者做好废弃物的回收和循环利用，推广绿色低碳生产方式和消费模式，引导消费者购买和使用节能、节水、节能、可再生的产品，减少使用塑料袋、一次性筷子等产品。加快形成绿色、低碳、文明、健康的消费行为，促进城镇生活向绿色低碳发展模式转变。二是完善城镇绿色低碳生活相关体系。完善餐饮、住宿等服务业低碳生活体系，鼓励和引导餐饮服务业推广环保产品，促进餐饮订单合理量化，减少外卖一次性用品的使用，遏制食品浪费，完善绿色低碳生活体系。同时，加强低碳家庭建设，鼓励居民节约用水、节约用电、节能排废同时坚持其他低碳生活方式，积极倡导绿色低碳旅游模式，逐步形成绿色低碳生活方式和价值取向。

3.4 健全公众参与机制

公民参与环境建设是国家生态文明和法治发展的基本内容之一。生态文明建设已写入宪法，环境保护已成为国家的意志，体现了人民享有美好生活环境的基本权利。生态文明建设倡导实施"以人为本"的环境保护和生态文明建设指导思想，让公民参与环境建设工作，可以更好地反映人们对环境建设的需求，协调政府和人民的环保行为。公众参与是加强公民环境保护意识的重要途径，健全公众参与制度对于目前的形势而言十分具有必要性。一方面，在法律中明确公民参与环境保护决策的权利、获取及时有效的环境信息的权利、公民的环境权遭到破坏时请求救济的权利；另一方面，保障政府有关部门和企业能够将环境信息全面、准确、及时地向社会公众公开，在法律中明确关于违反环境信息公开行为的法律责任，对侵犯公民获取环境信息的行为给予行政处罚，并对权益受侵的公民提供法律救济。

生态文明是一种不同于原始文明和工业文明的更先进的社会形态。这是社会经济正常化提出的重要建设目标，对国家的社会、经济和文化发展具有开拓性的前沿意义。依法治理环境，提高生态质量，在法治建设和发展中贯彻生态文明的原则。完善环境保护和法治机制，完善资源节约利用制度，完善绿色、低碳生产和生活法治体系，完善公众参与机制，从设计总体战略到实施行政监督和问责制。为确保生态文明的有效、有序发展，面对西北地区新型城镇化转型中的各种困难，管理和建设环境需要人民和政府共同努力走生态法治之路，以实现美好生活的梦想。

参考文献

［1］《毛泽东思想和中国特色社会主义理论体系概念》编写组．毛泽东思想和中国特色社会主义理论体系概念［M］．北京：高等教育出版社，2018：237.

［2］陕西省人民政府．陕西省新型城镇化规划（2014—2020年）［R］.2014.

［3］陕西省人民政府．陕西省新型城镇化发展报告（2017）［R］.2017.

［4］张建伟．论农村环境保护法的实施机制［J］.当代法学，2009（3）：45–51.

［5］中共中央、国务院．国家新型城镇化规划（2014—2020年）［R］.2014.

［6］陕西省人民政府．陕西省低碳试点工作实施方案［R］.2012.

［7］重金属污染千万吨粮食每年经济损失超两百亿［EB/OL］.http：//news. takungpao. com/，2014–06–27.

［8］张小军．试析西北地区新型城镇化的生态法治建设路径——以甘肃省为例［J］.生产力研究，2016，284（3）：90–94.

［9］王元京．城镇土地集约利用：走空间节约之路［EB/OL］.http：//www. sina. com. cn，2007–09–10.

兰州市中水回用立法保障路径探究

潘志伟　裴　琳

（兰州理工大学法学院，甘肃兰州，730050）

摘　要： 中水是介于上水与下水之间的再生水源，中水回用是世界公认的节约水资源、减少水污染、促进地区水环境质量改善的有效手段。兰州作为西部地区生态环境脆弱城市，若想改变用水结构、促进水资源的可持续利用、建设环境友好型社会，避不开中水回用。纵观中水回用的发展历程，在中水回用的管理和推广方面，法律保障不可或缺。本文从兰州市中水回用面临无法可依的法律保障困境入手，探讨通过修订立法、完善法律制度、健全法律配套措施等途径，促进兰州市中水回用的发展，以使中水回用符合兰州市生态文明建设以及经济社会发展的需求。

关键词： 兰州市；中水回用；立法保障

中水主要是指城市建筑物系统内的，经处理后达到规定水质标准，可在特定范围内杂用的非饮用再生水。[①]中水介于上水与下水之间，中水回用通过对排水进行处理，在减少生活污水产生量的同时，以绿化、扫洒、冲厕等形式实现了水资源的循环利用，是解决城市供水紧张问题、特别是生活用水紧张的有效手段。

作者简介：潘志伟，硕士，副教授，主要研究方向为区域环境法；裴琳，2018级法律硕士在读，主要研究方向为区域环境法。

基金项目：甘肃省高等学校科研项目"甘肃生态安全屏障区建设公众参与机制研究"；兰州理工大学校基金项目"甘肃中水回用法律规制研究"。

① 中水的来源主要是建筑物以及建筑物集中区的生活污水，再生水的来源主要为雨水、生活污水、工业废水等。二者存在一定的区别，中水属于再生水的范畴。参见《北京市中水设施建设管理试行办法》《山东省节约用水办法》等法律文件。

1 兰州市立法保障中水回用的必要性

兰州市处于西部生态脆弱地区，兰州市人均可利用水资源量仅为720立方米，为全国人均量2150立方米的33%。随着近几年经济社会的快速发展，兰州市水资源紧缺的问题日益明显，供需矛盾日趋突出，开辟新水源成为兰州市的必然选择。2009年兰州市开始组织实施城区污水"全收集、全处理"工程，2017年兰州市城镇污水处理率、污水处理厂集中处理率均为95.49%，生活污水基本实现了全收集、全处理，为中水回用奠定了良好的基础。但是截至2017年底，兰州市只有西固污水处理厂的中水实现了部分回用，用于范坪电厂循环冷却补充水，而该厂中水回用设计能力为3.5万立方米/日，实际回用也只达到0.8万立方米/日，加上兰州市各企事业单位自建的污水再生利用设施，兰州市中水回用率仅为10.25%，与甘肃省要求的30%还有较大差距。

法律规制是保障中水回用顺利推广最有效的手段之一。1977年美国《水法》规定"凡申请联邦城市污水治理项目补助者，必须同时提出进行污水回用的可行性研究报告，否则不予审批"，为美国以法律强制力推进中水回用发展提供了依据。截至2002年底，美国已有26个州颁布了与再生水利用有关的法律法规。在国内推广中水使用并取得成效的西安、昆明、银川等西部城市，均通过专门立法对中水回用进行规制与促进。《西安市城市污水处理和再生水利用条例》对西安市的再生水发展作出了较为详细的设计。《银川市再生水利用管理办法》对再生水的管理、利用、设施维护、收费以及法律责任等作出了规定。《昆明市再生水管理办法》实现了昆明再生水设施的"集中与分散"相结合的建设模式。由此可见，根据实践经验，兰州市通过应用法律手段促进中水回用势在必行。

2 兰州市中水回用立法保障面临的困境

我国目前没有关于再生水和再生水回用的专门性立法。《中华人民共和国环境保护法》（以下简称《环境保护法》）、《中华人民共和国水法》（以下简称

《水法》)、《中华人民共和国水污染防治法》（以下简称《水污染防治法》)、《中华人民共和国清洁生产促进法》（以下简称《清洁生产促进法》）中均体现了减少污水排放、提高水重复利用率的理念。《城镇排水与污水处理条例》规定再生水回用设施是城镇排水与污水处理的配套措施。兰州市也未有专门立法以保障中水回用。仅《甘肃省实施〈中华人民共和国水法〉办法》《兰州市城市节约用水管理办法》《兰州市城市节约用水管理办法实施细则》涉及中水、再生水的回用。

《甘肃省实施〈中华人民共和国水法〉办法》对再生水的管理与使用涉及三个方面：一是各级政府在新区、开发区规划时，应将再生水利用设施的建设纳入规划。社会投资建设再生水利用工程的，给予优惠政策。二是园林绿化、环境卫生、建筑施工等用水，应当优先使用再生水。三是节约用水设施应当与主体建设工程实行"三同时"制度。有条件的建设项目应当配套建设中水回用设施。2000年兰州市人大常委会审议通过的《兰州市城市节约用水管理办法》第十七条规定：新建宾馆、浴室、文化体育设施、住宅小区等建设项目的，符合中水设施修建条件的，应当配套建设中水设施。第二十条规定：不按规定修建装配中水设施的，责令其限期改正，逾期不改正的，限制其用水量；造成水的浪费的，加量征收 3~5 倍的加价水费。2015 年兰州市政府通过《兰州市城市节约用水管理办法实施细则》进一步明确新建、改建、扩建建筑面积大于 3 万平方米的宾馆、饭店等建设项目，建筑面积大于 5 万平方米且可回收水量大于 100 立方米/日的办公设施等建设项目，建筑面积大于 5 万平方米且可回收水量大于 150 立方米/日的住宅建筑等建设项目，应当配套建设再生水设施。这些规定虽然对兰州市节约用水具有一定的指导作用，但对于发展中水回用、促进节水型社会的形成作用有限。

3　兰州中水回用立法保障的路径

3.1　修订《兰州市城市节约用水管理办法》

修订《兰州市城市节约用水管理办法》，对中水回用进行专章规定，明确中水回用的法律原则、法律制度、法律责任等内容。其中法律制度的设计是核心。

中水回用应配套制定环境规划制度、环境影响评价制度、"三同时"制度、环境监测制度等。

3.1.1 环境规划制度

环境规划制度是根据国家或地区环境保护的要求以及自然资源的特点，根据社会发展的需求，在一定期限内对辖区内环境污染防治、自然资源保护等所作的总体安排。此制度在水资源的保护管理、水污染的防治过程中均有体现。《水法》规定水资源的利用需要编制水资源的专项规划。《水污染防治法》规定：根据城乡规划和水污染防治规划，县级以上地方人民政府编制本行政区域的城镇污水处理设施建设规划。《甘肃省实施〈中华人民共和国水法〉办法》对此制度有所涉及。

为了发展中水回用，兰州市政府应在本辖区经济发展水平、水资源量、污水产生量预测的基础上，制定本辖区的中水回用规划。规划由中水主管部门制定，并与本辖区的国民经济发展、土地利用、城乡发展等规划相协调。中水回用规划一般应作长期规划，规划的内容应包括规划区的水系统现状分析、中水处理设施现状分析、水质与工艺要求、中水需求预测、规划实施的保障措施等，其中保障措施必须明确中水回用设施的建设用地。

3.1.2 环境影响评价制度

环境影响评价制度是指对规划和建设项目实施后可能造成的环境影响进行分析、预测和评估，提出预防或者减轻不良环境影响的对策和措施，进行跟踪监测的方法与制度。根据《环境影响评价法》的规定，我国的环境影响评价对象为规划与建设项目。

建设项目的环境影响评价一般应当在建设项目可行性研究阶段完成报批。对于拟定的建设项目编制环境影响报告书，其内容应包括：建设项目对环境可能造成影响的预测与评估以及环境保护措施的技术、经济论证等。对会产生污水的建筑项目进行环境影响评价的过程中，应将中水回用作为建设项目的环境保护措施予以论证，并提出相应的技术方案。一旦建设项目获批，再生水回用设施与主体工程应同时建设。

中水回用应当编制专项规划①。在中水回用规划的草案上报审批前，应组织进行环境影响评价，对中水规划的设施可能对环境造成的影响作出分析、预测，

---

① 专项规划是指国务院有关部门、设区的市级以上地方人民政府及其有关部门，组织编制的有关工业、农业、畜牧业、林业、能源、水利、交通、城市建设、旅游、自然资源开发的专项规划。

并提出减轻不良环境影响的对策和措施，编写环境影响报告书。

3.1.3 "三同时"制度

"三同时"制度是指可能对环境造成损害的一切工程项目中的防治污染和生态保护设施，必须与主体工程同时设计、同时施工、同时投产使用。《环境保护法》规定：建设项目中防治污染的设施，应当与主体工程同时设计、同时施工、同时投产使用。《水法》规定：新建、改建、扩建建设项目配套建设的节水设施，应当与主体工程实行"三同时"制度。《甘肃省实施〈中华人民共和国水法〉办法》规定：节约用水设施应当与主体工程实行"三同时"制度。

"三同时"制度是我国首创的环境保护法律制度。它从创设之日起，就对我国的环境保护工作起到了积极的促进作用。在中水回用方面，中水回用设施必须与主体工程同时设计、同时施工、同时投产。具体内容如下：在项目设计阶段，项目初步设计时编制的环境影响评价报告书中应将中水回用设施作为减轻环境污染的预防性措施明确评价，并作为环保设施与主体工程同时设计。在项目施工阶段，保证中水回用设施施工所需材料、资金供应，并接受环境行政主管部门的检查与监督。在项目竣工验收阶段，中水回用设施必须经原审批环境影响报告书的环境保护行政主管部门验收合格后，才可投入生产或使用。

3.1.4 环境监测制度

环境监测制度是指监测机构及其工作人员，按照环境标准和技术规范的要求，运用物理、化学、生物等技术手段对影响环境质量因素的代表值进行测定，并评价环境质量状况、分析环境影响趋势的活动。

《环境保护法》规定，国家加强对水资源的保护，建立和完善相应的监测、评估、修复等制度。严格执行环境监测制度的前提是环境标准的制定与完善。现阶段，我国已经形成了较为完善的再生水回用标准体系，涉及再生水利用的标准主要有《城市污水再生利用分类》（GB/T 18919—2002）、《城市污水再生利用城市杂用水水质》（GB/T 18920—2002）、《城市污水再生利用景观环境用水水质》（GB/T 18921—2002）、《城市污水再生利用工业用水水质》（GB/T 19923—2005）、《城市污水再生利用地下水回灌水质》（GB/T 19772—2005）、《城市污水再生利用农田灌溉用水水质》（GB 20922—2007）、《城市污水再生利用绿地灌溉水质》（GB/T 25499—2010）、《污水再生利用工程设计规范》（GB 50335—2002）、《城市污水再生回灌农田安全技术规范》（GB/T 22103—2008）、《循环冷却水用再生水水质标准》（HG/T 3923—2007）、《再生水回用于景观水体的水质标准》（CJ/T95—2000）、《再生水水质标准》（SL368—2006）等国家标准以及行业标准。兰州市中水处理设施运营单位以及中水回用监督部门应严格按照环境标准执行环境监测制度，并定期向社会公布水质监测结果，以保障社会大众对中水回用的监督，进而促使社会大众积极使用中水。

在中水回用推广运行成熟的条件下，兰州市可以专门制定关于再生水回用的地方性法规或者地方政府规章，以促进兰州市各行各业、各地区使用再生水。

3.2 健全法律配套措施

兰州市除了要解决中水回用无法可依的问题，还要解决两个突出的问题：一是资金保障中水回用，二是公众参与中水回用。

3.2.1 加大政府资金投入，建立专项资金

《中华人民共和国循环经济促进法》第四十二条规定：国务院和省、自治区、直辖市人民政府设立发展循环经济的有关专项资金，支持循环经济的科技研究开发、循环经济技术和产品的示范与推广、重大循环经济项目的实施、发展循环经济的信息服务等。同样为了实现中水回用在全社会的推广，促进节水型社会的形成，可以设立发展中水回用的专项资金。资金的主要来源为政府的财政支付转移，政府可以从征收的城市维护建设税、城市基础设施配套费、国有土地出让收益、水资源费、自来水使用费、污水排污费中提取一定比例的资金用作专项资金。例如，兰州市城镇居民用水实行阶梯水价，年用水量小于等于 144 立方米，1.75 元/立方米；年用水量超出 144 立方米，且小于等于 180 立方米，2.63 元/立方米；年用水量超出 180 立方米，5.25 元/立方米。学校教学和学生生活、养老及社会福利机构用水价格为 1.97 元/立方米。可以从第二、第三阶梯的超额用水使用费以及学校教学和学生生活、养老及社会福利机构自来水使用费中按比例计提资金。专项资金主要用于补助城镇污水处理设施配套管网建设，支持中水回用的科学技术研究，奖励在中水回用推广中做出显著成绩的单位和个人。

3.2.2 加大宣传教育，促进公众参与中水回用

公众作为再生水消费的终端用户，其对中水认知程度的高低，影响着中水的推广与使用。公民应当增强资源节约和环境保护的意识，合理消费。加强公众教育，大力宣传中水的优势所在，是让公众形成中水使用习惯的良好开端，也是激励公众参与中水回用管理工作的重要途径。中水较少用于生活领域，其中一个原因是社会大众未完全认识到生态环境问题的严重性，未充分了解我国乃至当地水资源的状况。因此，加强环境教育，让社会大众了解中水回用的重要意义，对推广中水回用意义重大。

《环境保护法》明确要求各级人民政府切实加强环境保护的宣传工作，新闻媒体应积极开展环境保护知识的宣传工作。首先，优先选取电视、广播、报纸、网络等常规媒体，进行日常宣传和教育。中水管理部门应该充分利用网络特别是微信、微博、QQ等新媒体，及时宣传中水回用的意义。其次，充分发挥社区的管理优势和环保组织的专业优势，通过社区、环保组织加强社区居民、环保组织所在地居民的中水回用教育。最后，通过多层次、多手段的宣传教育，让公众对中水形成正确的认识，促使公众在日常生活中积极使用中水。

参考文献

［1］兰州人均水资源占有量仅720立方，已破国际重度缺水警戒线［N/OL］. http：//news. ifeng. com/gundong/detail_ 2014_ 03/21/35003097_ 0. shtml，2019－03－29.

［2］兰州市人大常委会关于兰州市城区污水收集处理情况的调研报告［EB/OL］. http：//www. lanzhourd. gov. cn/n/7％7C36％7C/1115. html，2019－03－30.

［3］余麟. 中水回用法律制度研究［D］. 昆明理工大学硕士学位论文，2008.

［4］李淳，孙艳艳等. 国外再生水回用政策及对我国的启示研究［J］. 环境科学与技术，2010（12）：627.

［5］汪劲. 环境法学［M］. 北京：北京大学出版社，2007.

［6］兰州市人民政府办公厅关于兰州市城镇居民用水实行阶梯价格制度的通知［EB/OL］. http：//www. lanzhouvw. cn/ReadNews. asp？ newsid＝469，2019－04－10.

突发性环境事件中政府
应急法律机制研究

张 琦 李 欢 孙小凡

（兰州理工大学法学院，甘肃兰州，730050）

摘　要：近年来，我国突发性环境事件频发，并在短时间内造成了大量有毒有害物质排放的严重后果，它比一般环境污染事故具有更大的破坏力，严重危害了人民的生命健康和财产安全。然而，目前国内对应急处置机制的关注较少，完善相应法律机制、提高政府部门在突发性环境事件中的处置能力任重而道远。本文以我国现行的突发性环境事件法律应急机制的缺漏与不足为切入点，分析了宪法、法律、行政法规的相关规定及实务中处理突发性环境事件的缺漏，提出了弥补立法漏洞、协调执法机构职能、及时披露相关信息并构建环境问责机制等具体建议。

关键词：突发性环境事件；政府；应急法律机制

1　突发性环境事件应急法律机制的基础理论分析

1.1　突发性环境事件的定义

突发性环境事件指发生在环境领域，因不可抗拒的自然灾害或者行为人违反相关法律法规而导致的环境事件，其结果威胁人民的生命财产安全、公共安全、

作者简介：张琦（1978—），女，山西芮城人，兰州理工大学法学院副教授，主要研究方向为民商法、环境法；李欢（1993—），女，山西长治人，兰州理工大学法学院硕士研究生，研究方向为环境法；孙小凡（1994—），女，河南焦作人，兰州理工大学法学院硕士研究生，研究方向为民商法、环境法学。

生物安全，甚至是国家或地区的政治、经济稳定，还可能造成生态环境的破坏等。突发性环境事件的特征如下。

1.1.1　突发性与不可预期性

突发性环境事件，顾名思义其最主要的特点就是突发性，事件的时间、地点等相关信息都不能提前准确预知。相对而言，普通环境事件表现为一定时间内固定化的排放途径和排放方式，人们就可以在此基础上遵循它的固有规律在一定程度上进行控制。而突发性环境事件的发生是没有规律可循的，短时间内难以有效控制。不适当的或迟延的处置都可能会造成无法弥补的损失。在目前多数情况下，人们难以把握危机事件的发生，只能依赖科学技术的进步。

伴随突发性的是其不可预期性，主要是诱因的不可预期性。其诱因可能是人为因素，包括违反环境相关法律的行为、正常工作过程中的疏忽等，也可能是地震、海啸等无法预测的自然灾害，对这一诱因的准确预测则更为困难。现代科学技术正在不断加深人类对生态系统的认知，这在一定程度上降低了突发性环境事件的不可预期性，但要完全消除还有很长的路要走。生态系统的复杂性和科技发展的局限性致使人们不可能在每一个环境事件发生前都能准确地预测。同时，不断变化的生活方式、高速发展的工业技术以及愈加复杂的生态系统，进一步增添了生态系统的神秘色彩。

1.1.2　应急处置的紧急性

突发性环境事件往往在没有预警的情况下发生并迅速蔓延，这就要求我们必须及时采取措施，迅速、有效地应对。不同的事件，其规模和性质也各不相同。因此要应对自然灾害诱发的突发环境事件，主要任务就是最大限度地减少人员伤亡，维护社会秩序。而由人为因素引发的，则要求我们及时地控制危害蔓延，缩小污染的范围。应急处置无法将有害物质全部清理干净并恢复污染发生前的状态，同时，应急处置耗费时间长，要动用大量人力物力，还需要巨额资金的投入，比处理一般性污染事件更加困难。

1.1.3　危害范围的广泛性

人们往往忽视采取事前措施的重要性，不能有效地预防突发环境事件的发生。这就必然导致一旦发生环境突发事件，及时有效地控制污染物的迅速扩散将成为一大难题。有毒有害物质会在短时间内大量地排放或泄漏，污染力和破坏力极强，从而使更多的环境要素遭受污染和破坏，往往会导致环境发生生物或物理的一些变化。这样一来，人民群众的生产生活秩序被扰乱，更甚者会严重危害国家的财产和人民的生命安全。

危害结果涉及的范围广泛，对多个区域、全国甚至全球都会产生不利影响。危害后果波及数万人，更有甚者会威胁整个世界乃至全人类的安全。仅仅弥补显而易见的损失，就需要付出沉重的经济代价，更不用说对人类生存和发展的严重影响，其代价是不可估量的。环境污染是不可逆的，一旦发生，没有可以将安全隐患完全消除的应急措施，污染物的残留也难以避免。突发环境事件的危害不断累积，可能会造成遗传变异、物种灭绝甚至生态系统演化的严重后果。

1.2 突发性环境事件应急法律机制的含义

研究突发性环境事件应急法律机制首先要明确界定应急法律机制。应急法律机制是非常态法制，是一个国家或地区针对突发事件及其引起的紧急情况而制定或认可的处理国家权力之间、国家权力与公民权利之间、公民权利之间的各种社会关系的法律规范和原则的总称。总之，应急法律机制为突发事件应急处置提供了法律策略和法律方法。

在我国，环境突发事件法律机制研究受到的关注较少，但存在一些意思相近的学术名词的研究。学者蒋林认为，突发性环境事件应急法制是在紧急状态下以法律手段处置行政权力和职责的划分，处理主体利益的协调问题以及提供利益受损主体获得救济的途径等；是应对突发性环境事件和消除由此引发的公共危机的过程中调整国家权力之间、国家权力与公民权利之间、公民权利之间的各种社会关系的相关法律规范和执法、司法等制度的总和。学者韩大元、莫于川强调，突发事件应急法制也称为公共应急法制，应急法制是指一个国家或地区针对突发事件及其引起的紧急情况制定或认可的处理国家权力之间、国家权力与公民权利之间、公民权利之间的各种社会关系的法律规范和原则的总称。笔者认为，突发性环境事件应急法律机制是指在突发性环境事件中，调整从预防到处理的各阶段和全过程所涉及的各种社会关系的法律规范及原则的总称。

健全的环境应急法律机制应具有以下特点：①全面性。应急处理质量和效率的提高依赖于系统和全面的法律程序。法制化的规范要紧密结合实际，从实践出发。法律程序的全面细致可以保障应急处理的高效率，缩小危害的范围。②科学性。突发性环境事件的应急法律体系在体现专业化的同时，也不能忽视技术性的属性。③公众参与性。应急处置要取得最佳效果，需要公众的广泛参与和支持，提供各种资源保障，降低事件危害。④化应急管理为常规管理。只有在日常管理中经常性地进行培训和模拟演习，将这种训练常规化，当环境突发事件真正发生时，应急管理才不至于混乱，并能有条不紊地进行，从而避免救灾部门及灾民在处理事件时的过度恐慌，有利于提高应变效率，维持社会稳定。

2 我国政府突发性环境事件应急
法律机制的缺漏与不足

我国应急法律体系中关于突发性环境事件应对的环节相对薄弱，没有专门性的法律法规对其进行规制，缺乏统一性、全面性。

2.1 突发性环境事件应急法律机制体系的缺漏

2.1.1 宪法中应急规定的缺陷

《中华人民共和国宪法》（以下简称《宪法》）作为根本法，更多地关注正常状态下的环境保护以及自然资源的开发与利用。在理论层面，对突发环境事件中相关部门的应急职权没有设立专门规范时，可以参照相关的原则性规定，如"保护""保障""预防""改善"等，以应对突发性环境事件。然而事实上，现行《宪法》对此并没有进行明确的法律授权，同时也不涉及突发性环境事件中政府的紧急行政权和强制性应急措施。

2004年通过的宪法修正案将"紧急状态"纳入宪法，这是对类似突发性环境事件的紧急状态立法需求的客观回应。但突发性环境事件的应急状态不是完全意义的宪法中的紧急状态，它的产生由其影响的范围及级别决定，同时要严格遵守程序要件。因此，在立法中，应规定紧急状态和突发环境事件的区分、相互之间的程序转换等。但我国现行宪法中只有紧急状态的决定主体和宣告程序，至于紧急状态的确认主体与程序、紧急状态下公民基本权利是否需要限制和中止，以及限制和中止的程序与方式等都没有予以界定，尤其是未明确什么是"紧急状态"、突发性环境事件是否囊括在"紧急状态"中。我们说"依法治国"首先要"依宪治国"，上述立法现状导致突发性环境事件的应急处理缺乏宪法依据。

2.1.2 环境保护法律应急规定的不足

2015年施行的新环保法被称为"长牙齿"的法律，但也仅第四十七条涉及突发环境事件的应急处理。虽然它为相关条款的制定、修订提供了依据，但远远不能满足实践的需求。首先，突发环境事件应急处置适用法律程序的启动和结束标准都没有清晰的规定。其次，在管理体制方面，缺乏统一负责协调地区与国家间的应急管理事务的专门机构。最后，缺乏诸如不同政府、不同行业和不同区域之间在突发性环境事件中的协调机制规定。

2.1.3 单行法律应急规定的缺陷

第一，立法滞后，环保法在突发性环境事件的应急处理中多处于被动地位，难以充分地发挥救济作用。第二，应急处置是阶段性的，但"一事一法"的立法模式并没有很好地体现这一特征，大大削弱了应急立法的可操作性。第三，现行有关突发性环境事件应对的法律规定对社会协调、区域协调和部门联系的相关规定有所欠缺，在解决综合性、跨区域性突发性环境事件时难度较大。

2.1.4 环境行政法规、规章中缺乏应急机制的规定

首先，单行环境行政法规和地方政府规章中的应急规定照搬上位法体例，可操作不强。地方政府作为应急管理职能最重要的承担者，应担负起完善具体制度的重任，并保障其实施。但现实情况是现有立法并没有紧密结合实际，严重缺乏实践性。其次，地方性的立法缺乏创制性，我国复杂的地理特征决定了各地应急行政法规和规章的不同，突发性环境事件应急机制的区域性特征不突出。

2.2 应急执法机构统筹协调能力低

相关执法部门会在突发性环境事件发生后及时到达现场，但是并不是所有的部门都能真正迅速进入状态并展开应急执法救援，大多都是服从现场最高领导的指挥，其他政府职能部门与环境应急执法管理机构之间的关系并没有明确地界定。各部门之间缺乏沟通、联系、协商和协调机制，整个形势处于被动状态，严重影响了政府处理事件的效率。《国家突发环境事件的应急预案》（以下简称《预案》）明确规定全国环境保护部际联席会议在各应急机构相互协作配合的基础上，主要负责统一协调工作，同时，各级地方政府均设立了相应的环境应急执法指挥机构，但是并没有对其具体权限和地位予以明确规定。

2.3 突发环境信息的披露不及时、不全面

突发性环境事件的频发，推动国家不断完善公众信息知情权，加强对公众突发性环境事件信息知情权的保障力度，并出台相应法律予以保护。但是这些规定大多较为笼统，可操作性不强，关于应当公布何种信息、公开范围如何、如何公开、何时公开以及由谁公开等还有待完善，信息披露义务主体的自由裁量权较大，很难保障信息公开在突发性环境事件应急执法中的落实。

一方面，我国上级政府主要是从地方政府的报告中了解事件的具体情况，然

而各级政府执法机构收集获取的事件信息在到达上级政府前必须严格按照程序要求，经过层层审批，从而造成了信息的滞后。突发性环境事件发生后，基于"地方保护主义"或者对个人利益的考量，地方政府执法机构通常会选择隐瞒或拖延发布信息，上级执法机构无法全面及时地了解事件的真实情况并作出有效的回应。另一方面，一些政府执法机构和领导本能地认为，事件信息的披露会引起公众更大的恐慌，扰乱社会秩序，久而久之逐渐形成"不公开"的传统思维，突发性事件爆发后，他们往往选择"大事化小，小事化了"，隐瞒甚至封锁消息，即便是公开，也很难及时、准确、全面地公开。

2.4　缺乏健全的环境责任问责机制

在我国现行法律对突发性环境事件所产生的法律责任的规定中，行政处罚较多，涉及刑事责任和民事责任的却寥寥无几。例如，在上述《预案》中仅规定了对政府机构内部工作人员的行政处分，对行政主体和行政相对人的行政责任却没有相应的规定。对刑事责任和民事责任只有不具备可操作性的抽象概括性规定；《中华人民共和国突发事件应对法》（以下简称《突发事件应对法》）虽涉及刑事责任和民事责任，但也仅仅是对《预案》的补充，从整体上看，我国环境违法成本低，现行的相关法律处罚力度较弱，增大了利益性违法的概率。

3　我国政府突发性环境事件应急法律机制的完善路径

3.1　弥补立法体系的漏洞

3.1.1　完善现行《宪法》对"紧急状态"的规定

《宪法》对紧急状态的具体细节关注较少，同时一些重要内容都没有相关的规定。阻碍突发环境事件应急立法的主要症结是紧急状态的确认、适用程序与相关法律法规缺乏宪法依据。解决这一问题最有效的方法是《宪法》适时地对此作出授权性规定。具体而言，包含突发性环境事件应急管理的应急规定应明确纳入宪法，使其成为宪法的基本内容；与此同时，继续扩大全国人民代表大会及其常务委员会、国务院的应急职权和程序也是弥补立法体系漏洞的路径之一。

3.1.2 将环境突发事件的应对作为专章列入《环境保护法》中

从严格意义上讲，现行《环境保护法》并不是完全符合《立法法》规定的真正意义上的环境保护领域基本法。因此，为了不断适应新的时代要求，修改《环境保护法》是必要的发展趋势，从而令其成为真正意义上的环境保护领域基本法，不仅如此，还要同时参照《突发事件应对法》，适时构建应急法律机制的基本框架，以指导下位法的配套与施行为目的，有针对性地解决突发环境事件应对的问题，在《环境保护法》中增加专章规定。

3.1.3 补充和完善单行环境保护法中环境突发事件的应急规定

依据《宪法》《环境保护法》《突发事件应对法》等法律法规，增强环境保护单行法中应急条款的实践性。首先，我国生态保护单行法仅对一些自然灾害的紧急应对作出了规定，亟须将对其他突发性环境事件应急处置的规定加入其中。其次，统一各个单行法中的规定，确保立法协调性。现实的情况是，在突发性环境事件发生时，现行的单行环境保护法中的应急条款并不能充分发挥指导和救济作用。特别是在突发性环境事件的范围涉及多个区域时，不同地区之间的应急协调尤为重要。因此，必须在各单行法中增加与上位法相配套的、具备针对性和可操作性的具体法律规定。

3.1.4 结合地方实际情况制定配套的法律法规和规章

我国强调应急管理体制的"属地主义"，在突发性环境事件应对中承担主要责任的必然是地方政府。我国幅员辽阔，不同地区之间地形差异明显，而各地区的地形差异决定了其在面临突发性环境事件时，也具有反映各地实际情况差异的区域性特征。因此，地方政府在保证法制统一的基础上，要具体情况具体分析，从实际出发，依照《突发事件应对法》制定体现创制性的实施规范，建立与本地区应急管理实际相切合的规范性体系。

3.2 协调应急执法机构之间的职能

在应急执法实践中，应对突发环境事件的各综合协调机构的职能不协调，没有对各种应急资源和力量进行实质性地整合，执法权的行使也不规范。笔者认为，解决这些问题的主要措施有：首先，在全国设立常设应急机构，从中央到地方自上而下协调配合，设立常设应急管理委员会，并对其实行垂直领导。为最大限度争取时间，在紧急情况下可以选择越级上报，以及时有效地处理突发事件。应充分发挥地方政府应急指挥中心的职责，统一事权和财权，上级政府要做的不是指挥，而是协调和援助。其次，应加强紧急执法机构之间的合作，并建立区域联动机制。对突发性环境事件的紧急处置并不是某个部门的专属职权，它需要多部门的协调配合，例如信息共享。各部门之间在信息上缺乏沟通，就会造成信息资源的浪费，因此应该加强各部门之间的联合行动，实现信息资源的共享。同时，突发性环境事件并不是单纯地影响某个地区，可能会扩大到多个行政区域，区域政府之间可以缔结互助条约，从而有效地解决这一问题。

3.3　及时、全面披露环境信息

面对突然到来的应急信息，如果不能有效避免信息真空的出现，可能会引发公众的恐慌情绪。故政府必须做好与突发性环境事件相关的信息发布，充分发挥环境信息披露义务主体的作用，从而消除信息异化。与发达国家相比，我国在环境信息披露方面仍存在较大的改善空间。在此基础上，必须加强对突发环境事件的监督，使环境信息披露更加及时、全面。

3.3.1　突发性环境事件信息公开相关法律亟须完善

目前，我国突发性环境事件信息披露的原则性和概括性突出。针对这一问题，首先要加强现行法律法规的可操作性，同时必须加紧细化、补充、完善与环境信息披露相关的内容。其次要对环境应急信息的披露进行规范化建设，加强突发性环境事件法律法规建设，逐步建立起完善的包括突发性环境事件应急处置机制在内的非常态应急法律机制。最后，必须严格依照《政府信息公开条例》中的相关规定对滞后的法律法规进行修改，并进一步补充完善。

3.3.2　增强信息披露义务主体的公开意识

充分尊重公民的环境信息知情权，改变突发性环境事件的处理方式，转变"不公开"的传统思维，及时公开相关信息。把向公众传播环境信息融入日常环境事务管理工作中，培养公众的环境危机意识；事后及时总结实践经验和教训，并向公众传达相关信息。公众也应积极发挥主观能动性，树立知情权主体意识，在知情权遭受侵害时，善于使用法律武器维护自身的合法权益。

3.3.3　设立独立的信息发布机构

设立独立的信息发布机构，并由其统一履行环境突发事件信息披露的职责，环境信息公开的主要目的是增强环境信息的可信度，杜绝多渠道发布信息导致的内容不统一，进而误导公众，造成社会秩序的混乱。

3.4 构建完备的环境责任问责机制

3.4.1 民事责任

侵权人因突发性环境事件造成环境损害和财产损失等民事责任的，应适用无过错责任原则。这是由于突发性环境事件侵犯的不仅是个人利益，还包括环境的多元价值。其影响往往会波及特定区域、生态系统，甚至是子孙后代，持续时间长，后果严重。只要行为人在客观上引发了突发性环境事件，损害他人人身或者财产利益，其行为本身合法与否都不影响其相应侵权责任的承担，在救济途径上应更突出强调停止侵害、消除危险、恢复原状等权利。鉴于《预案》中对民事责任的规定尚不完善，可以借鉴国外的相关规定和我国其他类型应急法律制度中的类似规定，明确责任限制、责任免除、责任形式等。

3.4.2 行政责任

我国相关法律对突发性环境事件行政责任的规定已相对完善，但仍不可忽视以下几点：第一，适当扩大行政责任追究主体的范围，完善负责人行政问责制。突发性环境事件破坏性强，具有跨区域性的特点，甚至可能会造成代际破坏，需要多部门协调合作，各应急职能部门及其工作人员都要纳入责任追究的主体队列，将行政问责制落到实处。第二，加强公众监督，实现"程序性问责"，减少代他人受过现象的发生。这就要在现有立法的基础上，增强环境政务信息的公开性和透明度，对其进行舆论监督，健全环境违法行为公告制度、环境公益诉讼制度及公共财政制度，真正使"程序性问责"落到实处。第三，对严重污染环境的中小企业加强监管，加大处罚力度，责令其对受损环境进行限期治理，并恢复原状。从当前全国对环境违法案件及污染事故的处理情况来看，肇事企业违法排污缴纳罚款后又再次进行生产，有关部门并没有对企业的法人代表及直接责任人员进行处罚。针对这一突出问题，执法部门应加大监管力度，实现对环境破坏企业从预防到处置的全方位监管，并令其限期治理受损环境。

3.4.3 刑事责任

我国《刑法》仅有第三百三十八条和第四百零八条规定了与突发性环境事件有关的刑事责任，这远远不能适应当前突发性环境事件频繁发生对环境造成严重损害的现实，中国应借鉴美国、德国的有关法律法规，增强刑事处罚的力度和深度，增加罚金数额，延长现有处罚刑期。同时，扩大责任主体范围，增设关于突发性环境事件的罪名及罪数，确保罚当其罪。

目前，我国突发性环境事件频发，环境问题已成为威胁传统安全的新因素，是地区乃至整个国民经济、社会发展的隐患，威胁公民的生命、财产安全。基于政府依法全面履行职责的要求，相关部门也必须能够迅速并妥当地应对突发性环境事件。在此过程中，关键是政府如何围绕公共服务的目标，协调各部门间的分工合作，实现资源的整合、功能的互补，并快速有效地应对。在依法建设"美丽中国"的时代背景下，应不断从突发性环境事件应急的实践中吸取经验教训，发现相关法律法规的不足，提出相应并具有可操作性的完善建议，实现突发性环境事件应急处置机制的系统化、规范化，使应急管理朝着常规管理的方向转变，形成科学、全面的环境应急法律机制。但是，政府应急管理不是靠一己之力实现的，政府应急管理责任的完善也不是一蹴而就的，可谓任重而道远。

参考文献

［1］莫于川．公共危机管理的行政法治现实课题［J］．法学家，2003（4）：115.

［2］蒋林．我国突发环境事件应急法制法律原则的探析［J］．四川环境，2008，27（6）：129.

［3］韩大元，莫于川．应急法制论——突发事件应对机制的法律问题研究［M］．北京：法律出版社，2005（4）．

我国环境修复资金法律制度研究

张照霞

（兰州理工大学法学院，甘肃兰州，730050）

摘　要：随着环境公益诉讼制度与环境损害赔偿制度的逐渐推进，以给付环境修复费用为内容的金钱给付责任越来越普遍。然而在目前的立法中，对资金性质和使用方式尚无明确规定，实践中做法不一，各有利弊。这些环境修复资金数额巨大，很难依靠财政部门、法院或某单一部门保障目前环境修复工作中的资金有效、监管到位。而资金的使用效率直接关系环境公益诉讼和生态环境损害赔偿制度的成败。本文将提出建立和完善我国环境修复资金制度的一些建议，使环境修复工作能够及时、有效、有序地展开。

关键词：环境公益诉讼；环境修复资金；环境损害赔偿制度

　　环境公益诉讼制度已经在制度设计和司法实践中逐渐发展和完善。环境损害赔偿制度也是经过试点，从2018年开始在全国范围内施行。巨额环境修复费用的缴纳引起了社会关注，但是环境案件不能只止步于天价赔偿，我国环境司法救济已经从重赔偿转向重修复。由于环境公益诉讼中，环境修复费用归属不一的特殊性，在当前司法实践中，环境公益诉讼中有关环境修复赔偿资金的管理、使用问题明显存在制度空缺。当前的司法实践中也存在多种不同的解决方法，法院在判令被告缴纳赔偿款时，判决书有判令上缴财政专户，有判令汇入原告以及环保部门的公管账户的，有判令支付给环境公益诉讼专项账户的，各地方不同的处理方式各有优势，也各有缺陷。我们急需统一、明确的立法，

　　作者简介：张照霞（1995—），女，甘肃武威人，兰州理工大学法学院硕士研究生，主要研究方向为环境法。

以法律制度指导实践工作。

1 环境修复资金的概念及其内涵

1.1 环境修复资金概念词语的选用

博登海默曾指出："概念乃是解决法律问题所必须的和必不可少的工具，没有限定严格的专门概念，我们便不能清楚地和理性地思考法律问题。如果我们完全否弃概念，那么整个法律大厦就将化为灰烬。"由此可见，法律概念是我们理解和厘清某一法律规范内涵的基础。但是，生态修复法律制度的相关理论研究却过多地看重法律规范的创设，反而忽略了产生法律规范的概念基础。

现阶段我国已有的生态修复法律制度存在概念的混用、模糊甚至是误解的问题。王社坤在其论述中使用的是"生态环境修复资金"的表述，他认为环境公益诉讼中赔偿款的目的在于修复生态环境，为了与民事公益诉讼司法解释中法院判决被告承担的"生态环境修复费用"相区别，他将这些费用统称为生态环境修复资金。但是，"生态修复"是西方现代"恢复生态学"的中国化概念。我国研究生态修复的学者焦居仁认为生态修复是一项复杂的系统工程，依靠的是大自然的自我修复能力和人与自然和谐相处的理念与行动，来解决群众的生产生活问题。其实质是保障人与自然和谐共生，实现经济和社会的持续发展。即"生态修复"包括自然修复和社会修复两部分，且社会修复是生态修复的重心和落脚点所在。吴鹏认为用"环境修复"这一概念更加准确，笔者认同吴鹏的观点。首先，环境公益诉讼案件认定的环境修复对象是受污染的环境，没有涉及社会修复的问题。其次，不宜把"生态修复"与"环境修复"牵强地组合为"生态环境修复"一词，这样会导致不必要的模糊和误解。最后，2015 年《最高人民法院关于审理环境侵权责任纠纷案件适用法律若干问题的解释》（以下简称《解释》）中使用了"环境修复"概念，并专门说明在之前司法解释中有不同规定的以本次司法解释为准，可见最高人民法院已经在努力将"生态修复"修正为更为贴合实践的"环境修复"概念。综上所述，"环境修复"一词更为适用于《解释》的立法本意，同时也符合司法实践。

1.2 环境修复资金概念的内涵

王社坤在一次学术会上曾解释用"生态环境修复资金"这个表述的原因是依据现行的公益诉讼司法解释，法院判令被告承担"生态环境修复费用"，他将这些费用统称为生态环境修复资金。从这一方面来讲，他所论述的环境修复资金仅限于环境公益诉讼中的环境修复费用。

但是，随着环境损害赔偿制度逐步从试点探索建立到在全国范围内推行，环境损害赔偿制度与环境公益诉讼制度设计高度重合，二者共同形成了环境公益损害救济规则体系的雏形，因此环境损害赔偿金也需要纳入环境修复资金当中。尽管两种制度在诉讼主体、法律依据、保护法益以及适用范围等方面都存在差异（前者诉讼主体是省级、地市级政府，后者诉讼主体是环保组织和检察机关；前者保护的法益是国家的自然资源所有权利益，后者保护的法益是公众的生态环境利益；后者可以适用于尚未造成实际侵害的破坏生态环境案件，前者不可以，当然，对于已经造成生态环境损害后果的行为，两种制度都可以适用），但是，二者的目的和权利客体一致：为了使受损的环境得到修复。这就导致两种制度形成了双重主体请求权竞合的特殊情形，意味着会出现两类诉讼主体分别起诉造成的重复索赔等问题。就同一个环境损害案件，二者的诉讼提起主体都可以要求造成生态环境损害的个人或单位赔偿恢复生态环境所需的相关费用。即便如此，两个制度都具有理论正当性，不能相互取代。从程序上协调两种制度的关系问题才能理顺行政机关、环保组织和检察机关在环境法治中的功能定位，才能完善环境公益损害救济规则体系。

但目前两个制度之间的衔接问题并没有确定，比较认同的观点是确立行政机关提起生态环境损害赔偿诉讼的优先顺位，在政府怠于行使其磋商、诉讼权利时，由环保组织和检察院提起环境公益诉讼。因为在生态环境损害赔偿中实行"磋商前置"，在磋商阶段与环境损害一方达成和解，极大地提高了生态环境修复效率，这是环境公益诉讼没有的优势。相信随着理论研究的深入和实践探索中各诉讼主体间协作力度的加大，能找到使两种制度相契合的关系模式，它们必将发挥各自的制度优势，合力推进我国环境法治。

所以，二者同属环境公益损害救济规则体系，本文中的环境修复资金包括通过环境公益诉讼获得的赔偿和生态损害赔偿诉讼获得的赔偿。综上所述，环境修复资金的概念应归纳为：在环境公益损害救济规则体系中，通过政府磋商或诉讼的方式以及检察机关、环保组织提起环境公益诉讼的方式，由对环境造成损害的单位或个人，缴纳的用于环境修复及相关费用的资金。

2 相关实证研究

2.1 问题的提出

为什么要讨论政府磋商或法院判决、调解之后，环境修复资金的管理、使用问题？从司法实践看，以金钱给付的损害赔偿成为环境公益损害救济中主要的责任承担方式。环境公益损害救济的核心目的在于使受损害的环境逐渐修复，恢复其原本的生态功能。但是当前的诉讼偏重于让环境损害者承担金钱责任，而在被告缴纳费用之后对资金的使用问题则没有详细完整的规划。被告缴纳相关费用后，公众的环境利益得到救济了吗？不尽然。这笔钱怎样高效、专门地用于环境修复工作？环境修复结果由谁监督验收？修复结果不达标的责任由谁承担？环境公益损害救济不能止步于"天价赔偿"，人们还应当去关注和研究环境修复资金的使用与管理问题，这才是检验环境公益诉讼和环境损害赔偿制度能否真正发挥作用的试金石。

2.2 现行的做法

2.2.1 纳入政府财政资金进行管理

纳入政府财政资金进行管理即通过政府统一财政账户或政府专项账户对生态环境修复资金进行管理和使用的资金管理方式。昆明市和山东省对这种模式进行了比较深入的探索。2010 年，昆明市环境保护局建立独立的"环境公益诉讼救济专项资金"，对生态环境修复资金统一核算和管理。2017 年，山东省将生态环境损害赔偿资金作为省级政府非税收入，纳入财政预算。

2.2.2 纳入法院执行款账户进行管理

纳入法院执行款账户进行管理即由法院执行局负责被告所造成的生态环境损害的修复工作。此种模式以腾格里沙漠案和漳州市管理办法为例。腾格里沙漠案的裁判结果为被告缴纳 58 万环境修复资金至法院执行账户，用于当地环境服务功能的修复。漳州市政府借助漳州中院标的款专户，实行分账管理、专款专用，接受财政、审计部门的监督管理，实现了与环境民事公益诉讼制度的有力衔接。

2.2.3 由公益基金会进行管理

由公益基金会进行管理即将生态环境修复资金交由公益基金会加以管理和使用。中国生物多样性保护与绿色发展基金会（以下简称"绿发会"）与贵州省法院合作开创了此种模式。"绿发会"专门成立了生态环境修复（贵州）专项基金，并建立了较为完整的资金使用管理流程，组织人大代表、法院代表、法律专家、环境技术专家、绿发会代表成立管理委员会，对环境修复资金的使用申请实行表决制。这一实践探索真正做到了程序细化到每一步，步步公示，程序合理，能够快速有效地实现环境修复的本质目的，真正做到了公众参与、公开透明。其创造性地将案件负责法官纳入基金管理委员会，这一实践经验对其他地区环境修复资金制度的建设和完善均有重要的借鉴意义。

2.2.4 由信托资金进行管理

由信托资金进行管理即将环境修复资金交由公益信托加以管理运作。主要实践是北京朝阳区自然之友环境研究所起诉江苏中丹化工技术有限公司水污染环境公益诉讼案，被告设立了慈善信托，由长安信托公司对资金进行专业管理。通过公益信托的方式来管理环境修复资金也是值得探索的模式。

2.3 存在的问题

2.3.1 没有环境修复资金管理的统一模式

当前，各地结合实际情况探索不同的管理模式并进行实践，是我国环境修复资金制度发展建设的必要过程，但我们不能一直停留在当前"无法可依"、各行其道的局面，否则可能会导致全国范围内环境公益诉讼和环境损害赔偿制度在执行方面的不一致性。没有统一的立法予以规制，各省之间以及省内各市之间在环境修复资金制度方面就会出现差异。这样不仅难以对资金进行监管，而且难以进行工作衔接。各省份之间经验交流不通畅，资金申请程序五花八门，也不利于环境修复工作的顺利开展。

2.3.2 资金使用效率低，专用性差

就安全性而言，纳入政府财政资金进行管理是目前最保险的方法，但在资金专用性和使用效率等方面存在一些问题。首先，环境修复资金通过政府统一财政账户管理时，这笔资金作为非税收入纳入地方政府财政收入之后，由政府统一预算、统一使用，并不符合修复受损环境这一制度本质目的。这笔资金并不一定用于环境修复，可能会用于发工资、投资项目，可能会出现地方政府挤占、挪用专项资金的情况。环境修复资金融入政府财政资金池，这就很难判断个案中环境修

复资金是否足够用于环境修复工作，而且当环境修复结果不符合修复应达到的标准时，还会产生由谁来承担责任的问题，导致责任外延的模糊性。其次，财政专户管理方式的效率低。资金申请使用程序非常烦琐，要通过市政府常务会议审议、市长签字，审批过程耗时长、透明度不够，致使资金使用率低，严重影响环境修复工作。

2.3.3 缺乏环境修复的基金保障机制

环境修复工作耗时长、需要巨额资金的支撑，仅仅通过责任单位或责任人的赔偿资金来解决这个问题显然不现实。环境损害主体在其中并不一定获得了高额利润。例如，有人将洗刷装过化学物质的塑料桶的污水直接倒入河流，造成严重的环境损害。该案中环境损害者本身就是经济困难人士，他无力承担巨额的环境修复费用，在此情况下可能通过追究刑事责任的方式来追究他的环境责任，但是受损的环境修复费用从何而来？类似这种情况下的修复资金不可能都依赖于政府拨款，由政府来治理。此外，巨额的资金缴纳对企业来说也是致命的打击，一般发生环境损害的企业都是重化工企业，正处于企业转型升级的重要转折期。在这个时候，巨额的环境修复费用很可能会直接导致企业资金周转困难，甚至导致企业破产，对经济发展很不利。可见，我们缺乏多元化的环境修复资金来源，缺乏必要情况下的资金保障机制。

3 相关制度完善

3.1 建立统一的环境修复资金运行机制

建立统一的环境修复资金运行机制，即统一解决好确定环境修复资金管理主体和设计环境修复资金使用程序这两大问题。

3.1.1 环境修复资金管理主体的确定

设立独立的环境修复专项资金会，专门管理环境修复资金。在资金会中设立管理委员会牵头负责环境修复工作，管理委员会主要由环境技术专家、资金会代表、地方人大代表和法院审理案件的主审法官构成，环境损害者可以列席管理委员会，也可以参与环境修复工作。如前文所述，环境修复资金通过政府账户进行管理，会出现资金使用效率低、资金专用性不强等问题，而通过私权利管理，资金的安全性会有所降低。因此，必须设立独立的、专门的环境修复专项资金会，统一接管环境修复资金问题，杜绝腐败问题，也解决了当前制度下政府设立基金的不合法性。另外，环境修复工作难以由单一的部门完成，它是集环境修复技术、生态知识、经济管理、法律等为一体的综合性很强的工作。例如，法院对环境修复工作进行监督、验收是存在技术难度的，法院工作者缺乏足够专业的知识和技能，同时也没有精力去管理过程漫长的修复工作。所以在资金的管理主体设计方面，需要环境技术专家、地方权力机关、法院主审法官以及资金会代表一起设计环境修复方案，对环境修复工作总体把关。

3.1.2　环境修复资金使用程序的设定

由管理委员会对环境修复方案进行审查并表决，修复方案采取招投标的方式，由中标的专门的环境修复公司负责修复工作；环境修复公司资金的使用申请实行表决制，由管理委员会审查通过；委员会审查并拨款，将使用情况进行公示；修复成果由管委会进行验收，并将验收结果进行公示；由环境修复专项资金会完成系统的资金使用情况报告并公示，直至该基金使用完毕。

3.2　建立第三方市场运行模式

为提高环境修复工作的效率，应当引入以专门的环境修复公司为主的第三方市场主体，在市场机制的刺激下，促进环境修复技术的发展，同时也提高环境修复工作的效率。生态修复活动涉及公众利益，因而严控环境修复第三方准入门槛，从规模、资质、信誉等方面严格审查。环境修复专项资金会只需要监督修复过程，保证生态修复质量。将环境修复工作细化，各司其职，突出专业性，提高环境修复工作的质量和效率。

3.3　建立环境修复的基金保障机制

环境修复所需的资金巨大，建立社会化的多元资金途径是国际趋势。因此，除了环境损害者缴纳的环境修复费以外，我们要拓展环境修复资金来源，形成有力的资金支撑机制。

3.3.1　政府财政投入

即使在"谁损害，谁赔偿"的模式下，政府依然要承担环境修复补偿责任。环境问题涉及公共环境利益，且修复资金巨大，环境损害者无力负担环境修复责任时，政府必须及时财政拨款，积极支持和组织环境修复工作，这就要求政府将环境修复款项纳入政府预算当中。

3.3.2 建立环境修复保证金

要求高危行业企业按月缴纳环境修复保证金，保证受损环境的修复资金需求。一方面，建立环境修复保证金使企业平时就以储存的方式慢慢积累一部分资金，以防突然出现的巨额缴纳金打乱企业正常的经营。这对环境修复工作和企业自身生存都是具有保障作用的。另一方面，最终给没有发生环境污染的企业退还该笔资金，有利于鼓励和督促企业注意环境安全问题，注重环保技术的革新，形成良性循环，推动环保工作。

3.3.3 建立社会捐助渠道

环境修复具有一定的社会性，关乎社会公众的健康利益。建立社会捐助渠道，动员社会全体参与环境修复工作，这是环境民主的重要体现，也是生态环境法制化的基础保障。在此要求下，我们要先做到使社会公众能够获取相关信息，对环境修复方案的选用、污染场地的风险控制及管理措施的采取等表达意见，明确公众参与环境修复的权利，扩大环境修复专项资金会和修复责任公司的信息披露范围。

4 结 语

生态环境修复是环境公益诉讼和生态环境损害赔偿制度的根本目的，而生态环境修复资金制度是保障复杂、漫长的环境修复工作顺利进行的根本所在。通过建立统一的环境修复资金运行机制、第三方市场运行模式和环境修复基金保障机制等制度，进一步完善当前环境修复资金的使用与管理机制，使环境修复资金的使用、管理更加合理有效。但限于篇幅，对具体制度的设计只能简单提及，还需进一步的研究和思考。

参考文献

［1］吕忠梅. 环境司法理性不能止于"天价"赔偿：泰州环境公益诉讼案评析［J］. 中国法学，2016（3）：244 - 264.

［2］王社坤，吴亦九. 生态环境修复资金管理模式的比较与选择［J］. 南京工业大学学报（社会科学版），2019，18（1）：44 - 53，111 - 112.

［3］沈绿野，赵春喜. 我国环境修复基金来源途径刍议——以美国超级基金

制度为视角［J］.西南政法大学学报，2015，17（3）：68－73.

［4］吴鹏.论生态修复的基本内涵及其制度完善［J］.东北大学学报（社会科学版），2016，18（6）：628－632.

［5］吴鹏.生态修复法制初探——基于生态文明社会建设的需要［J］.河北法学，2013，31（5）：170－176.

［6］张丽娜.论生态修复的基本内涵及其制度完善［J］.中国科技投资，2017（9）.

［7］任洪涛，南靖杰.环境公益诉讼生态修复模式探析［J］.江南论坛，2017（7）：13－15.

［8］胡瀛琪.环境公益诉讼激励保障机制研究［J］.开封教育学院学报，2016，36（8）：233－234.

［9］王云兰.论我国生态环境修复法律制度的完善［D］.东华理工大学硕士学位论文，2018.

［10］姚宋伟.我国环境修复基金法律制度实证研究［D］.郑州大学硕士学位论文，2018.

［11］何嘉男.中国生态修复法律制度研究［D］.西北农林科技大学硕士学位论文，2018.

［12］柴宁.我国生态环境修复基金法律制度研究［D］.郑州大学硕士学位论文，2017.

［13］杨敏.生态环境修复责任实施研究［D］.苏州大学硕士学位论文，2017.

［14］林丽珍.刍议生态环境修复资金保障机制［C］.中国环境资源法学研究会.新形势下环境法的发展与完善——2016年全国环境资源法学研讨会（年会）论文集，2016.

［15］郑云.经营者集中概念的演变与法律定位［J］.辽宁教育行政学院学报，2009，26（11）：26－27.

第三篇 绿色发展

绿色发展视域下区域创新驱动
发展路径探析

——以甘肃风电产业发展为例

袁峥嵘　杜超君　郝　楠

（兰州理工大学法学院，甘肃兰州，730050）

摘　要： 作为我国经济发展的主导方向，绿色发展是节约资源和保护环境的不二选择。我国在很早之前就提出了绿色发展理念，但目前取得的成效较预期而言仍有很大的不足。创新对绿色发展的驱动作用不言而喻。甘肃在我国西北建设战略中占据重要地位，但受制度与科技因素影响，其创新驱动发展的进程并不乐观。本文通过分析影响甘肃经济发展的关键因素，针对科技落后、创新资源薄弱等发展障碍，提出在政府主导下发展绿色工业、促进绿色创新技术发展以及区域优势与市场结合等措施，促进甘肃创新驱动绿色发展。

关键词： 区域创新；绿色发展；市场导向；政府主导

1　绿色发展与区域创新驱动发展的关系

1.1　绿色发展理论的提出

随着社会的发展，尤其是在进入工业化时代后，人类不惜以破坏环境和掠取

作者简介：袁峥嵘（1967—），女，江苏泰兴人，副教授，硕士生导师，现任兰州理工大学法学院法律硕士教育中心学科负责人，主要研究方向为民商法阶、知识产权法；杜超君（1994—），男，兰州理工大学硕士研究生，研究方向为知识产权法；郝楠（1994—），女，兰州理工大学硕士研究生，研究方向为知识产权法。

资源的方式来满足人民生活所需和发展经济，使"数罟不入洿池，鱼鳖不可胜食也。斧斤以时入山林，材木不可胜用也"的美好愿景离我们越来越远。值得庆幸的是，这种饮鸩止渴的发展方式逐渐被抛弃。人类迫于现实，对忽视环境和过度开采资源的发展模式进行反思，逐渐认识到只注重经济增长并不能使社会得到全面、均衡的发展，物质消费水平也并不是人民幸福指数的唯一指标，短期的繁荣并不是真正意义上的发展，并开始关注气候、生态等环境问题，提出并重视全面、可持续等发展观点。

改革开放这一重大举措的不断深化，使我国在经济发展方面取得了傲人成就。但在这背后，我们必须清醒认识到作为发展中国家，我国在现代化发展的前期片面追求 GDP 的增长，导致人们赖以生存的自然环境被严重破坏，可持续发展面临重大挑战。为此，我国深刻总结了过去"先污染，后治理"的发展理念所带来的不利影响，在发展工业、促进信息普及、加快城镇与农业现代化的进程中，开始着重协调人口、资源和环境与发展之间的关系，并提出了可持续发展，在此基础上又提出了绿色发展。绿色发展不仅是今后我国经济发展的主导方向，更是节约资源和保护环境的不二选择。

1.2　创新驱动发展的内涵

对创新与发展关系的探讨，在 20 世纪 50 年代出现了两大学派，分别是罗伯特·索洛的经济发展理论和熊比特的经济发展理论。前者将技术进步作为经济增长的主要影响因子，强调市场调节作用和自由竞争的重要性。后者认为创新是促进经济发展的源泉，强调各发展要素的重新组合，凸显出企业家的创新主体地位。罗伯特·索洛所倡导的理论忽视了政府在经济发展中的作用，而熊比特的理论更加符合创新与发展的关系。

当下我国创新驱动发展的内涵是转变以往的发展模式，以绿色健康发展为主线，国家作为控制器，企业作为创新主体，通过将理论、制度和科技创新三者进行整合，形成一个完整的创新系统，达到经济社会的全面可持续发展。党的十八大以来，我们党一直在进行新时期社会主义建设的理论探索，提出了创新为发展第一动力和绿色发展等创新型理论。

绿色发展需要全方位的创新，创新驱动主要靠制度创新与技术创新。

1.2.1　制度创新

我国幅员辽阔，地域发展模式和生活方式有巨大差异，过去的发展是以巨大的资源消耗和生态环境为代价，要转变这种模式，就必须以制度创新来催化，立足经济的长远发展，以保护生态环境为着力点，在全国范围内，充分发挥制度创新的作用，加快企业转型，树立人民群众的绿色意识。在区域范围内，根据不同情况设立不同制度，以区域创新驱动绿色发展。

1.2.2 技术创新

作为创新驱动发展的核心，技术创新可以提高我国的综合国力和社会生产力，也是国家发展全局的核心。我国要从制造转向智造，就要进行科技创新，从保护环境的原则出发，发明创造出节约资源、保护环境的先进科技，并将其进行转化，将技术运用到生产领域，以产品促使绿色消费，形成一个完整的生产、消费的绿色链条，加快绿色发展。

1.3 绿色发展与区域创新驱动发展相辅相成

我国自然资源有着分布不均的特点，受地理位置等因素影响，区域发展状况和产业结构之间存在差异，因而决定了我国在实施创新驱动的过程中，要从区域实际、具体情况出发，以区域创新来驱动绿色发展。

1.3.1 绿色发展是区域创新驱动发展的必然要求

绿色发展是人类社会与自然和谐统一的可持续发展，以保护生态环境为价值追求。绿色发展需要协调生态与社会二者的效益平衡，不再以单纯追求经济增长为目的，而转变成了追求经济增长、维护生态平衡和促进社会和谐的全方位考量的综合目的，以实现人的全面发展、人类的可持续发展，以及生态的保护与修复。区域创新是推动区域经济转变的重要手段，确保区域经济与生态环境的共同发展，改变以往依靠物质资源的粗放型发展方式。因而，通过区域创新来节约资源、降低污染、促进经济发展的同时，还能够实现保护环境与修复生态的目的。

1.3.2 区域创新驱动发展是现实绿色发展的必经之路

虽然我国地域辽阔、资源丰富，但面对物质要素需求量的持续增长，也难以做到长期供应，势必导致生态破坏、环境恶化。尽管我国是世界第二大经济体，但是产业结构水准低、企业转型能力弱、产品位于价值链的末端、核心技术被国外掌握且国际竞争力弱，导致产值与收益成反比。在全球化、信息化的环境中，科技和产业的创新，无疑对促进绿色发展和提高国际竞争力具有重要作用，因此我们要依靠创新驱动，从制造转为创造，把经济增长的主要驱动力从资源配置转为资源创造。

2 甘肃省区域创新驱动发展的现实基础

2.1 甘肃省区域创新资源配置的特点

甘肃省仍然处于经济发展的较低阶段，距离真正的创新驱动阶段还有较长的路要走。

迈克尔·波特将国家经济发展分为四个阶段，即生产要素驱动阶段、投资驱动阶段、创新驱动阶段和富裕驱动阶段。国内学者将其进一步分为要素驱动阶段、要素驱动向投资驱动过渡阶段、投资驱动阶段、投资驱动向创新过渡阶段、创新驱动阶段。按照这一发展阶段论分析，甘肃省发展模式仍处于投资驱动阶段，正在实施产业的转型升级。从投资本身看，其在过去对国家经济增长起到了决定性作用。通过对外开放，国内资本总量已经十分充足。但是，投资所显现的结构性问题比较突出。主要表现在政府投资比重过高、领域过宽，从而使得企业的投资空间减少。而在实践中，企业与社会在投资方面还面临着许多约束。受财政政策的刺激，政府投资回报减少、投资领域变窄、地方债务风险增高。以投资来继续拉动经济的措施已经不能驱动经济长足的发展。甘肃省位于我国西北地区，旅游资源相对稀少，区域内消费能力较低。虽然 2015 年甘肃省的一二三产业比重分别为 14.4∶36.8∶48.8，但是甘肃省第三产业并未进入"高服务化"阶段，在独立化、自动化、标准化方面发展不完善，在催生新服务行业上动力不足，发展空间有限。因此，甘肃省工业发展的重要性不言而喻。目前，甘肃还处于工业结构单一、产业层次低、产业融合度小的低速发展状态。总体上看，甘肃省的高新产业数量少，集群效应低，企业研发能力弱，创新主要依靠科研机构与高校。此外，受地理位置与科研环境等因素的影响，甘肃省面临着人才引进难、研发经费供给不足、科技成果转率化低、创新资源缺乏等问题。

改变目前甘肃省的发展困境需要将甘肃自身情况和国家发展战略相结合。在建设创新型国家和绿色发展的大背景下，甘肃省需要改变以往依靠要素和投资驱动经济的发展模式，在不断优化石油化工、有色冶金等工业的基础上，建设产业集群工业体系，将产业集群与区域创新相互结合，通过发展优势产业和跨区域合作建设甘肃区域创新体系，努力让甘肃走向创新型经济发展道路。依靠创新能力来实现工业强省，让企业在创新中发挥主体作用，使产学研结合层次得以提高，最主要的突破点在于科技创新能力的提升。

2.2　甘肃省区域创新驱动发展模式的选择

2.2.1　我国创新前沿地区创新驱动发展模式分析

过去广东省以来料加工和订单生产的制造业为主，随着劳动成本的提高，广东省的企业不得不转变观念，开始重视技术和人才培养。如今广东省在企业创新精神和对外开放的促进下，企业以自主品牌和核心技术为着手点，根据市场的需求，通过技术创新，不断改善产品。基于市场的开放创新驱动发展模式，使广东省的产业得到了转型。江苏省在装备制造和船舶等行业拥有巨大优势，是名副其实的制造业大省，实体经济实力雄厚。在产业转型上，其重视科技、新能源、新材料和生物技术的研发，以此提高生产效率和资源利用率，加快市场投入，形成了效率驱动工业的发展模式。作为我国的政治、文化中心，北京市的中央企业和包括中关村在内的科研部门众多，在政府主导下，国企集群效应明显，加之创新资源丰富，形成了政府主导和科技创新共同驱动发展的模式。上海是我国的国际化大都市，在电子产品、汽车和精细化工等产业方面国内领先，上海市的教育资源丰富，跨国公司、投资性公司及外资研发中心众多，拥有良好的创新资源，因而上海形成了以工程技术和科技创新共同促进发展的模式。

综上所述，我国创新前沿地区的创新驱动发展模式大致分为市场导向型、效率驱动型、政府主导型和科技驱动型，在模式的选择上，这些地区结合自身的优势产业，形成了不同的创新模式。

2.2.2　甘肃省创新驱动发展的战略选择——政府主导

建立政府主导的创新驱动模式，是指在转变发展方式的前期，即在建设科技管理体制与组织创新体系的过程中，充分发挥政府作用，确保高投入、高效率的科技创新政策体系得以建立并实施，为打造区域创新集群提供良好的技术支持与政策环境，最终形成技术创新、知识创新与创新服务三大体系。政府主导的优势在于能够快速提高科技创新能力。同时，通过政府主导创新，利用地方政策可以将创新驱动绿色发展战略所包含的内在精神、文化等思想传递给企业，引领企业更快速地转变思维，完成企业升级改造。在逐渐发展的过程中，当企业具有创新能力后，通过转换政策，及时弱化政府的创新主导作用，从而建立起以企业为创新主体的高科技产业群，以市场为导向，再进一步发展战略性的新兴产业，最终以实施区域创新驱动绿色发展的计划，来实现区域崛起的战略愿景。

甘肃省内企业尚未转变发展观念，绿色发展理念在企业发展过程中并未得到重视，仍处于依靠原材料与资源的产业链的最底层，未形成完整的产业链。企业自身并不能有效地解决这些问题。截至 2017 年底，甘肃省国企共 1981 家，其资产优势明显，发展过程中受政策影响较大，因而甘肃省适合学习北京的创新发展模式。依靠政府主导创新驱动的模式，在区域科技创新的核心构建激励与创新政策体系，充分有效地激发区域创新型企业的研发能力。甘肃省可以将已建立的兰白试验区作为创新驱动绿色发展的核心区，加强与国内外科创机构的合作与交流，引进和培养创新型人才来建立创新产业群。以创新驱动经济绿色发展，以环保绿色工业打造更好的甘肃。

3 甘肃省区域创新驱动发展存在的问题
——以风电产业发展为例

3.1 甘肃省风电产业发展存在的问题

3.1.1 电力相对过剩

面对日益恶化的环境问题，国家为了改善生态与保护环境提出了节能减排的目标，新能源开发成了实现这一目标的有效途径。甘肃省独特的地理条件使其拥有丰富的风能和太阳能资源。2015 年底，我国光伏发电装机容量位居世界第一，其中，甘肃省装机容量达 610 万千瓦，位居全国第一。但根据国家能源局发布的《关于 2017 年度风电投资监测预警结果的通知》，甘肃省成为了风电开发的红色预警区域。虽然甘肃省在 2019 年第一季度风电消纳率达到了 91.41%，但甘肃省内用电负荷较低，弃电率仍然较高。

3.1.2 基础设施不完备

甘肃省在发展风电产业时，没有根据省内供电量的增加去完善电力负荷的基础设施。截至 2018 年 12 月，甘肃省发电装机容量为 5112 万千瓦，而省内最大负荷只有 1400 万千瓦①，负荷量占比还不到装机容量的 1/3。甘肃省电力系统不

---

① 资料来源于甘肃能源监管办。

能和发电负荷、供电负荷相配套，影响了甘肃风电产业的建设。受自然因素影响，风能并不能人为地改变它的速度和产生时间，意味着风能具有不稳定性，这势必使风力发电机在运行过程中产生的电力具有波动性，从而影响整个风电系统的稳定性。

3.2　甘肃省风电产业发展问题成因分析

3.2.1　制度不完善，外销难

对于甘肃省风电产业而言，内部区域和西北地区对电力的需求较少，因而实施"走出去"战略是甘肃省风电产业发展较理想的选择，将其并入我国"西电东送"战略是最好不过的。但在现实中，因缺乏政策的有效引导，输电路线并不能满足甘肃省风电传输的需求，且风电产业也并没改变火电在甘肃省电力结构的主导地位，截至 2018 年底，火电装机容量占甘肃省发电装机容量的 2/5。甘肃省电网负荷能力有限，2018 年也仅有 1400 万千瓦，都不能满足火电的需求，在电力消纳中风电产业面临着激烈的竞争。甘肃省电力市场无法与电力产业同步发展，这是甘肃省电力发展面临的主要障碍。

就目前情况而言，酒泉市拟通过国家远距离输电路线将风电送往湖南省，再向其周围扩散。但因没有国家统一的协调政策，现实情况是湖南省不愿放弃本省水电来接受外地电能。无独有偶，湖北省和江西省也不愿意接受，他们为了拉动就业，选择了成本较低的火力发电。甘肃省风电想要销往外地，还需要国家的宏观调控政策来协调，仅靠甘肃省与其他区域协商是远远不够的。

3.2.2　技术不健全，缺乏长效机制

以甘肃省酒泉市为例，该区域地理位置特殊，不仅风力强劲，而且受土质影响，发展风电产业的土地成本低。在甘肃省决定开发新能源，充分利用区域优势发展风电产业时，由于规划布局不到位，一味地招商引资，忽略了本地区电力设施的承载能力，且在后续的发展中仍然没能有效解决变频变压问题。另外，甘肃省在发展风电产业之初，对相关投资设厂企业给予了极大的优惠政策，随着风电产业的发展，政策发生改变，优惠与支持力度减弱，并且有些政策不能及时地落实，在一定程度上打击了风电企业的创新积极性。因此，甘肃风电发展技术难关未攻克和机制不健全是其风电发展过程中遇到的障碍之一。

4 甘肃省创新驱动绿色发展路径探析

4.1 制度创建——以市场为导向，充分发挥政府的促进作用

在资源配置中市场发挥着决定性作用。市场是促进发展的动力，意味着绿色发展需要绿色市场来带动。甘肃省在绿色发展路径中，要吸取风电产业在发展过程中遇到的经验与教训，做好前期的调研与评估工作，精准把握市场动态，根据市场来制定可行的规划，并在建立绿色工业的过程中，根据市场情况及时调整，确保发展平稳、取得良好效益。在掌握市场的同时，还要发展绿色市场，以谋求生产与消费同步绿色化。创建绿色市场的决定性因素在于通过技术创新研发绿色产品。同时，随着经济发展，人们的消费水平在不断提升，产品质量成了消费者最主要的关注点，因而要通过建立绿色产品认证标准，保证绿色产品的质量，开拓更为广阔的消费市场。当然，除了看到市场本身的重要性外，还应鼓励消费者采取绿色消费和绿色生活方式，通过宣传让其意识到生态与环境面临的威胁以及它们对人类生存的重要性，帮助其树立绿色消费观念，达到促进绿色市场发展和保护生态环境的积极效果。

绿色发展需要社会、生态和人之间相互协调，因而制度创新显得格外重要。制定合理、高效的制度，能够使发展经济、保护生态环境、促进人的全面发展三者相互协调、健康发展。对于制度的把握，需要政府发挥其积极作用，采取立法规范、行政干预、经济调控等措施，对经济活动进行绿色化指引、规划和监督。同时，通过对公众宣传法律和普及环境相关知识，逐步提高公众的环保意识和消费意识，让绿色发展融入经济发展和公众生活的方方面面。政府在促进绿色发展中也不能忽视了对自身的管理，鉴于甘肃省风电建设中的权责不明、政策落实不到位等问题，政府各部门之间应当做好协调工作，明确规划制定者与执行者的权责问题，完善内部考核机制，建立健全群众、相关利益人的参与制度和监督机制，以期提高政府效率，保障创新驱动发展规划的有效实施。

4.2 科技创新——加快科技创新，促进绿色产业发展

绿色发展要求在发展过程中达到质和量的统一，其实现路径就是创新。甘肃

省经济的提升很大程度上由工业发展所决定，目前影响甘肃省绿色发展的主要问题在于成本高、效益低和竞争弱，这需要管理者转思维、图创新，通过研发新技术走一条投资节约型、环境友好型和产量可观的绿色发展道路。就甘肃省目前的状况而言，要尽快转变企业发展模式，利用科技创新成果来提升已有支柱性产业的竞争力，依托兰白试验区大力发展绿色工业和高新技术产业，大力发展绿色科技，提高区域经济系统的质量，同时保证生态环境的安全。发展绿色工业，尤其是在形成产业集聚或者建立完整的产业链后，给这些企业使用风电方面的优惠，从而提升甘肃省区域内的电能需求，减少甘肃省风电的浪费。再者，通过科技创新，解决风电远距离输送和控、变电难等困扰甘肃省风电的技术障碍，让甘肃省风电走出去，达到内外共销，进而促进风电产业的良好发展。

甘肃省风电产业的快速发展，不仅让我们看到了丰富的风能资源，更突显了发展中的问题。风能作为一种可再生的清洁能源，其本身就符合绿色发展理念，故而区域创新战略不仅能促进风电产业良性发展，更是甘肃省谋求绿色发展道路的重要途径。但这一过程充满险阻，需要政府发挥积极作用，整合各类创新资源，群策群力，以绿色为导向，以创新为动力，以发展为目标，打造绿色甘肃。

参考文献

［1］柳御林，王曦，周聪.2017 年中国区域创新专题分析报告——中国创新驱动发展模式的分析：基于创新前沿地区的考察［M］.北京：科学出版社，2018.

［2］王永芹.对创新驱动绿色发展的思考［J］.河北学刊，2014，34（2）：222 - 225.

［3］陈亮，哈战荣.新时代创新引领绿色发展的内在逻辑、现实基础与实施路径［J］.马克思主义研究，2018（6）：74 - 86.

［4］甘肃产业结构调整的思考［N］.甘肃日报，2016 - 03 - 01.

［5］任保平，郭晗.新常态下创新驱动经济发展思考［J］.中国特色社会主义研究，2016（3）：24 - 29.

绿色科技创新力推甘肃生态
产业发展：问题与对策

孙美迪

（兰州理工大学法学院，甘肃兰州，730050）

摘　要：步入 21 世纪，人们对生态安全、生活环境越发关注，人均 GDP 不再是衡量人民生活幸福感的唯一标准。习近平总书记多次强调"绿水青山就是金山银山"，经济建设要坚持环保先行，绿色发展。党的十九大报告强调加强供给侧结构性改革，以绿色产业规划引领绿色经济发展。甘肃省秉承绿色理念，2018年提出了加快构建十大生态产业发展体系，振兴实体经济，深入贯彻可持续发展方针，推动经济高质量发展。本文就甘肃省近年来绿色科技成果转化落地的成功案例和企业转型过程中面临的困境，从政策、平台、企业等多角度提出促进绿色产业发展的意见。

关键词：绿色产业；绿色科技；成果转化；经济发展

从 2000 年实施西部大开发政策以来，甘肃省的经济发展有了长足的进步，但是多为工业发展带来的，由于深居内陆，旅游业和高新技术产业始终处于落后位置。过度的工业开发不断挑战着甘肃省的环境承载能力。顺应"质量时代"的新目标、新要求，2017 年 9 月出台的《中共中央　国务院关于开展质量提升行动的指导意见》，将提高供给质量作为供给侧结构性改革的主攻方向。甘肃作为西部地区的重要省份绝对不能为经济发展而盲目承接东部高污染、高能耗企业。要以绿色、低碳、可持续的理念走出经济发展新道路，绝不能以破坏环境为

作者简介：孙美迪（1993—），女，辽宁省抚顺人，兰州理工大学，硕士研究生，主要研究方向为自然资源与环境保护法、民商法，邮箱：18809426647@163.com。

代价换取经济发展。

1 构建生态产业体系推动绿色产业发展的相关政策与成绩

为了贯彻国家"十二五规划"和党的十九大提出的人与自然和谐共生的理念，甘肃省先后出台了《甘肃省加快推进生态文明建设实施方案》《甘肃省生态文明体制改革实施方案》《甘肃省党政领导干部生态环境损害责任追究实施办法（试行）》《甘肃省生态文明建设目标评价考核办法》《甘肃省推进绿色生态产业发展规划》等文件，并提出建设十大绿色产业体系，到2020年使绿色产业成为全省经济的重要增长极。2018年开始，兰州市政府办公厅先后印发了《甘肃省通道物流产业发展专项行动计划的通知》《甘肃省节能环保产业专项行动计划的通知》《甘肃省中医中药产业发展专项行动计划的通知》《甘肃省文化旅游产业发展专项行动计划的通知》《甘肃省先进制造产业发展专项行动计划的通知》《甘肃省数据信息产业发展专项行动计划的通知》《甘肃省清洁能源产业发展专项行动计划的通知》《甘肃省循环农业产业发展专项行动计划的通知》《甘肃省清洁生产产业发展专项行动计划的通知》《甘肃省人民政府办公厅关于经济技术类人才工作助推绿色生态产业发展的指导意见》，从十大产业与人才培养等方面构建起甘肃绿色产业发展基本框架。

截至2018年，甘肃省共有国家工程技术研究中心5个、国家级企业技术中心25家。全年登记省级科技成果1176项，其中，基础理论297项，应用技术类成果844项，软科学35项。获得奖励152项。专利申请量27882件，比上年增长14.0%；专利授权量13958件，增长44.3%，其中发明专利授权量1280件，下降4.5%。有效发明专利6879件，每万人口发明专利拥有量2.6件。共签订技术合同5072项，下降13.3%；技术合同成交金额180.9亿元，增长11.0%。其中兰白试验区每万人口发明专利拥有量达到7.0件，科技进步贡献率达到54.5%。值得一提的是，甘肃依托绿色科技，已经在节能减排、清洁生产方面取得巨大进步。产业带动性工程3项，总投资31亿元，累计完成投资22亿元，2018年完成投资3.6亿元；清洁能源产业带动性工程3项，总投资139亿元，累计完成投资65.5亿元，2018年完成投资53.6亿元；循环农业产业带动性工程6项，子项目

12 个，总投资 52 亿元，累计完成投资 47 亿元，2018 年完成投资 46 亿元；中医中药产业带动性工程 4 项，总投资 140.7 亿元，累计完成投资 40 亿元，2018 年完成投资 8.5 亿元；文化旅游产业带动性工程 5 项，子项目 13 个，总投资 197 亿元，2018 年完成投资 162 亿元；通道物流产业带动性工程 3 项，子项目 9 个，总投资 402 亿元，累计完成投资 107 亿元，2018 年完成投资 16.3 亿元。可见，在政府和社会的推动下，甘肃省绿色产业发展已有一个良好的开端。

2　甘肃绿色产业发展存在的问题

虽然甘肃省绿色产业总体向好的方向发展，但在推进的过程中仍然存在诸多问题。

2.1　政策落实难，执政理念守旧

甘肃省绿色产业在 2017 年得到重视，2018 年相继发布的法律文件是在调研多个省市的经验基础上撰写的，不可谓不完善，但在实践中政策落实难。白银市高新技术开发区的宋部长表示：目前高新区实际得到的政策优惠比文件中规定的少很多，部门之间规定不配套，存在冲突，利益难协调。比如，根据科技部、财政部、国家税务总局文件，给科技上的项目基金免税，但是地方按 25% 收取所得税。这就是上下政策不协调，优惠难以落到实处的体现。在执政理念上，政府难以改变"官管民"的姿态，资助企业、吸引外资、开展合作等难以主动深入。外省的绿色企业落户兰州要经过复杂烦琐的审批手续，审批周期长且得到的待遇欠佳。作为西北欠发达地区，甘肃省为加速推进经济发展，对很多高污染、高能耗的企业管理过于宽松，这严重破坏了甘肃的可持续发展动力。

2.2　绿色科技企业资金短缺

企业是科技创新的主体，没有新的绿色技术就无法推动绿色产业的发展。党的十九大提出供给侧改革，明确强调加大对小微企业科技创新的扶持。中小企业越来越展现出它的独有优势，甘肃省很多绿色产业合作项目都由中小企业完成。当前，甘肃省小企业面临着融资难、生产难、沟通难等问题。对于成立初期阶段的企业来说，传统的融资方式如抵押、担保不太可行，场地设备都是租赁的，银行贷款拿不下来。通过专利申请贷款手续多、审批时间长，企业又等不起。国内很多地区风投公司数量少、门槛高，使得小企业很难扩大再生产。从政府资金扶持来看，相关政策确有对企业的投入，但投入不多，成效不大，资源分配零散。这种模式其实对企业的帮助不大，一二十万元的投入对企业来说看不到实质作用。其次政策出现"一刀切"的现象，要求小企业尾气处理设备要全，污水处理设备要全，对于小企业来说，这些大的配套设施很难在初始阶段就配备齐全。小企业抗风险能力弱，恢复周期长，很多小企业遭受挫折后，客户流失，现金流断裂，没有恢复的可能性。

2.3 企业环境待遇低劣，人才流失严重

人才带来绿色科技，科技推动绿色产业发展。近年来，甘肃省人才流失问题严重，主要是工作环境和福利待遇与东部发达地区相差甚远。首先，甘肃省的高新技术开发区多在城市边缘，园区内企业多、占地面积大，引进的人才面临交通和食宿不便的问题。2018 年，甘肃省固定资产投资比上年下降 3.9%。其中高技术产业投资下降 2.8%。很多产业园区内娱乐设施少，食堂菜色单一，公交通车少。很多高精尖的技术人才受不了艰苦的工作环境，纷纷外流。其次，缺乏政府优惠政策支持人才开发技术。以白银高新技术区为例，2013～2017 年，白银市政府出台了人才引进计划，引进急需和紧缺的高层次人才。围绕"3＋4"产业集群对各类人才的需要，定期发布急需紧缺人才目录，指导用人单位与国内知名人才中介机构合作，引进创新创业人才和具有领军作用的学科带头人、项目负责人。白银市连续出台了五个办法，人才带着项目来，重大科技成果转化项目给予50 万～100 万元的支持，重大科技研发项目给予 20 万～30 万元的支持，全套解决子女安置、配偶工作、住房问题等，吸引了大量人才。由于政策在 2017 年以后不再执行，白银市又出现了人才供给不足的情况。由此可见，园区的基础设施建设和政府的优惠政策是吸引、保留人才的重要基础。

2.4 中介服务不够完善

技术研发主体有企业、科研院所和高校。一般而言，企业科技研发会比较有针对性，往往是就地转化。科研院所和高校有着丰富的人才资源和研究成果，但这些成果缺乏针对性，需要企业来进行承接。这时就需要借助中介服务机构来传播，科技大市场是沟通企业、高校、科研院所和政府的重要平台。近年来，甘肃科技大市场建设发展迅速，已设有八大服务平台，包含创客创业、科技金融、技

术交易、大型仪器共享、中介服务、企业孵化器、项目申报、技术转移，还设有科技创新券交易平台、碳排放权交易中心，为企业提供全方位、一站式服务。但仍存在很多问题，如信息汇总不清晰，没有设立科技技术交易商场，也不提供竞拍服务。

2.5 地区品牌建设乏力

提到绿色产业发展，必须提高农产品的品牌建设。甘肃拥有丰富的中药材和特色农产品，如红芪、黄芪、冬虫夏草、沙枣、蕨根、魔芋、沙米、土茯苓、百合、土豆等。但是知名度不高，品牌影响力不大。主要是农户种植过于分散，种植方式过于原始，对农药化肥管理不成体系。小农户销路单一，初始产品的利润低，抗风险能力弱。像赣南脐橙、云南茶叶，都是集中式成片生产，产量大、销路广。在种植农作物的同时还绿化环境，形成全国知名的旅游胜地。甘肃旅游业相比同样深居内陆的重庆来说，知名度不够。作为一个多民族聚集的省份，甘肃省特色食物、特色建筑和民族风俗都非常丰富，但却无法在全国造成影响力，这和网络宣传与政府引导力度不够有很大关系。

3 甘肃省加快绿色产业发展的对策建议

增强甘肃创新科技发展绿色核心竞争力，促进甘肃绿色产业发展。核心竞争力是指特有并可持续的优势。甘肃产业要实现绿色发展，就是要把自身特色放大。政府、社会组织、高校要统一起来。此外，要加强地区合作，保证协调发展。利用甘肃丰富的矿产资源、风力资源、太阳能资源进行清洁开发。一定要树立地区品牌，特别是在特色农业和旅游业方面。充分发挥甘肃省药产丰富和奇特的丹霞地貌、张掖湿地公园、黄河文明等优势。

3.1 政府绿色执政理念的转变

行政机关在地方改革当中往往扮演着"领头羊"的角色，甘肃省想要推动绿色发展，必须充分发挥政府的引导和推动作用。首先政府各级机关要转变观念，加强绿色生态发展意识。其次在政绩考核中纳入绿色评价指标。如各市年度污染排放量超标，要问责相关责任人，对绿色产业发展有突出贡献的领导人予以表彰，调动整个行政体制的积极性。同时政府要注重对地方特色企业进行扶持，要主动深入企业调查，把政策的实惠落到实处。在执法监督方面，一定要做到全方位、多角度加大处罚力度，缩短行政工作时限，让违法企业知法严，违法难。

3.2 建立绿色产业科技联盟体系

科技联盟是在整合已有资源的基础上，建造地区影响力以吸引更多的企业和高校进行合作。技术联盟包括在甘肃的院所高校、科技企业、行业协会。技术联盟主要在人员交流、协作研究和咨询服务等方面开展深入合作，实现问题研究与决策咨询工作的无缝对接和积极互动。在绿色技术人才培养方面，协会挑选人员到高校进行理论学习，并深入企业进行实地研究，全面提升甘肃省绿色科技人才的教育水平，培养出与企业实际需求息息相关的绿色技术领军人才。

3.3 完善科技成果转化交易平台，开设绿色科技交易专项模块

科技大市场作为科技技术对接的重要一环，对区域绿色产业发展起着举足轻重的作用。为充分发挥平台的作用，可以在大市场的门户网站上设立绿色科技交易中心平台，主要服务于高新技术，促进节能环保技术的展示和推广。同时，提供科技竞拍服务，将优秀的技术置于拍卖技术顶端，并为成功竞拍的项目提供创新券。在信息处理方面，汇总各市县的科技成果，按行政区划设置连接。要建立完善的退出机制，把那些提供虚假创新技术的企业拉入黑名单，不再与其合作。

3.4 建立西北绿色发展基金

目前，京津冀地区已经成立绿色发展基金会，由中央引导，三省政府配合，撬动社会资金。甘肃省也应加强与相邻省份合作，争取中央财政支持的同时，依托陕西、宁夏的发展优势，拓宽甘肃省基金的来源。政府资金投入应与各省发展水平匹配，体现出相互扶持、协调发展的原则。社会资金主要依靠企业缴纳，按照企业污染程度的不同，实行梯度化的征收。这样既可以吸纳社会资金，又可以促进高污染、高能耗企业的技术革新。此外，公众捐赠也是基金来源的重要组成部分，为鼓励社会参与到区域绿色发展中来，要对捐赠的公民或企业予以表彰，并进行宣传，提升社会大众的参与感和荣誉感。

3.5 加强地区品牌建设

要想扩大产品的市场占有率，形成其他地区难以模仿的品牌，必须加深产品

的产业链。利用丰富的中药材，开发功能性饮料、美容产品、保健产品。注重地区商标保护，进行商标注册，防止市场其他不法商贩进行虚假宣传。整合农户生产分散化的情况，规划农用地，实施机器化的生产以增加产量。这样既可以提高农民的抗风险能力，又可以规范农药、化肥的使用，保障产品高质量。在品牌宣传上，要利用主流媒体形成影响力，可以通过中央电视台播放"物产丰富，绿色甘肃"的节目，让全国人民了解甘肃特色。同时要注重网络电商平台的搭建，兰州拉面就是一个典型的例子，通过网络销售脱水方便拉面，不但增加企业的收入，也在全国打造了品牌知名度，农产品和药材同样要利用好电商平台。最后要积极投身到全国各地的展销会当中，利用其他城市的中介平台，展示甘肃绿色农业的风采，吸引外部投资和采购。要树立地区旅游品牌，首先要以政府为主要抓手。政府可以在宏观上把握旅游项目的大方向并与经济建设相协调，避免旅游乱象。其次以政府名义进行招商引资和商业宣传，提高合作成功率。利用黄河和观光巴士把独立的景点连接起来，要重视文化讲解的意义，在各景区设立电子服务讲解平台，深化游人的记忆，形成口口相传的效应。大力发展餐饮文化和休闲度假场所，加强与旅行社的合作，借助网络红人、明星等形成蝴蝶效应，打造网红城市，促进旅游业的发展。

3.6　加强公众参与和绿色产业宣传

打铁还需自身硬，绿色产业需要绿色科技才能不断地发展。企业是科技创新的主体，甘肃省企业在科技创新观念上陈旧保守，很多老牌企业不愿意进行整改，部分企业自顾眼前利益，对科技创新缺乏动力。从浙江德清模式来看，模范的影响是巨大的。1960 年前后，浙江德清砖瓦厂遇到技术生产瓶颈。砖瓦厂立刻转变思路与中国科学院上海硅酸盐研究所合作研发晶体材料，成立了德清电子器材厂。此后电子厂生产总值持续上涨，带动周边企业转变发展方向，德清第一耐火材料厂、德清粉末涂装设备厂、德清新市生物化学厂等建立起"科研生产联合体"。由此可见，甘肃省想要调动企业的科技创新热情，必须加大宣传，以榜样的力量带动行业的发展。重视互联网和媒体的影响力，通过报纸、网站、电视、广播等多媒体平台进行绿色产业宣传，提升公民对新科技的认知，营造良好的社会氛围。

总的来说，从政府到高校再到企业和公众全部投身到绿色产业的发展中来，是保持甘肃省绿色发展动力的基础。也要清楚地认识到绿色科技成果和科技中介平台的重要性，要不断支持鼓励企业进行绿色体制改革，完善平台服务模式。相信在不久的将来，甘肃的天会更蓝，水会更清，经济更繁荣。

参考文献

［1］牛瑞琳，王文年，祁淑芳．绿色信贷支持嘉峪关工业园区循环化改造绩效分析［J］.合作经济与科技，2018，577（2）：82－84.

［2］百度百科．甘肃［DB/OL］.https：//baike. baidu. com/item/% E7％94％98％E8％82％83/226159？ fr＝aladdin.

［3］罗良文，梁圣蓉．中国区域工业企业绿色技术创新效率及因素分解［J］.中国人口资源与环境，2016，26（9）：149－157.

［4］胡祖才．深入贯彻习近平新时代中国特色社会主义思想 推动新型城镇化高质量发展——在2018年推动新型城镇化高质量发展电视电话会议上的讲话［J］.中国经贸导刊，2018（10）.

［5］张于喆．数字经济推动实现高质量发展必须把握的三大要点［J］.中国经贸导刊，2018（24）：41－43.

［6］甘肃省统计局．甘肃省2018年国民经济和社会发展统计公报［EB/OL］.http：//www. tjcn. org/tjgb/28gs/35834. html，2019－04－30.

［7］刘文志．网络虚拟化环境下资源管理关键技术研究［D］.北京邮电大学博士学位论文，2012.

［8］沈祥胜．建好公共服务平台打通成果转化瓶颈［J］.中国高校科技，2017（12）：73－75.

［9］宁吉喆．贯彻新发展理念推动高质量发展［J］.求是，2018（3）.

［10］卫韦华．甘肃以绿色经济破题"高质量发展"［J］.金融世界，2018（3）：54－55.

西部地区资源枯竭城市绿色转型
发展的路径探索

——以甘肃省白银市为例

张思佳

（兰州理工大学，甘肃兰州，730050）

摘　要：本文从西部资源枯竭型城市绿色转型的路径探索出发，以白银市为例，肯定了白银市在转型发展过程中做出的努力与取得的成就，对"白银模式"进行分析，并对其成功进行借鉴。此外，进一步指出白银市在绿色转型发展中存在节能环保产业竞争力不强，投资、融资机制不健全，项目资金支撑不足，环保技术创新能力不强等问题，并从建立健全绿色低碳循环发展的法律体系，倡导政府政策扶持，以及发展高效节能产业、提升环保技术产品供给水平三方面提出解决意见。

关键词：经济绿色转型；循环经济；技术创新；资源综合利用

　　资源枯竭城市，是指矿产资源开发进入后期、晚期或末期阶段，其累计采出储量已达到可采储量的70%以上的城市。中国共有69个资源枯竭城市，首批西部地区典型资源枯竭城市有3个，分别是宁夏石嘴山市、甘肃省白银市、云南省个旧市（县级市）。截至目前，西部地区已经有14个市（区、县）被认定为资源枯竭型城市，其中包括重庆的万盛区、南川区；四川的华蓥市、泸州市；贵州的万山特区；云南的个旧市、东川区、易门县；陕西的铜川市、潼关县；甘肃的白银市、玉门市、红古区以及宁夏的石嘴山市。本文以甘肃省白银市为例，探索西部地区资源枯竭型城市绿色发展转型的路径。

作者简介：张思佳（1995—），女，甘肃玉门人，研究方向为环境法。

1 资源枯竭城市绿色转型的必要性

1.1 传统产业严重衰退，产值下降

自 20 世纪 60 年代起，在随后的 20 年里，白银市创造了铜产量、产值、利税连续 18 年居全国同行业第一的辉煌业绩，被称作中国的"铜城"。然而，经过 50 多年的开采，尤其是前期无节制的开采，白银市已探明的矿产资源濒临枯竭，支柱产业开始迅速衰退。随着宝积山、红会三矿的破产和矿藏资源的逐渐枯竭，白银市工业增长速度在"九五时期"变为负增长，工业经济位次由第二位下降到第五位，最终在 2008 年被列为资源枯竭型城市。随着传统产业的衰退，白银市职工人数锐减，大量失业人口、待业人口使得白银市的贫困人口激增，优秀人才外流严重。除此之外，政府的财政收入减少，大批失业人口的增加使政府支出增加，造成当地政府财政困难，入不敷出。

1.2 生态环境问题日益突出

白银市是甘肃省下辖的一个地级市，位于甘肃省中部，地处黄土高原和腾格里沙漠过渡地带。此处矿产资源丰富，主要矿藏有铜、煤、黏土、石灰石、石膏等。但过度的资源开采对环境造成了极大的破坏。

1.2.1 大气污染、水污染严重

由于白银地处腾格里沙漠向黄土高原过渡地带，降水少、蒸发量高、气候干旱、植被覆盖率低，生态环境脆弱。再加上长时间对有色金属无节制地开采，开采设备老化；环保意识不强、环保资金不足、融资渠道闭塞、治理环境污染费用高以及对破坏环境的打击面小、力度小，"三废"排放长期不能达标，因此当地生态环境遭到了严重的破坏。截至 2002 年底，白银市空气中二氧化硫的含量高达 7.36 毫克/立方米，整个白银市区上空被烟雾笼罩，不少市民因此患病住院，这是白银公司冶炼厂发生的历史上最为严重的污染事件。2005 年，白银市仅一年排放工业的废气就达到了 64 亿立方米，其中包括二氧化硫 15 万吨，粉尘 1.5 万吨。此外，根据当年白银市环保局提供的东大沟污水的污染数，东大沟排入黄河废水一年就有 1894 万吨，其中包括铜、铅、锌、镉、砷在内的重金属均严重

超标，而在废水入河口下游的 200 米处就是城市居民生活用水的取水口。与此同时，城郊居民使用东大沟含有重金属的水进行农业灌溉，导致东大沟两岸 8000 多亩农田土壤被严重污染，农作物中的重金属含量严重超标。

1.2.2　自然灾害发生概率增加

白银市矿山的开采方式大多数为露天开采，开采面积大，废渣随意堆放在地表，对地表植被造成严重破坏，井下采矿工程引发的采空区地面塌陷对城市的交通、管线、水体运动以及耕地会产生严重的影响。由于大量的采矿，尾矿、废弃物随意堆放，白银市发生山体滑坡、泥石流等自然灾害的概率大大增加。截至 2014 年，白银市有矿山固体废弃物、尾矿堆放场 300 座，被占用破坏的面积达 3000 余公顷，其中林地草地 800 余公顷，耕地 700 余公顷。采空区面积大、数量多，成为城市发展的隐患，主要表现在以地表裂缝和塌陷坑为主的非连续性破坏。耕地塌陷，地下水系、地面建筑及基础设施破坏严重。截至目前，就白银市平川区境内而言，已经形成采空区 100 多万平方千米，沉陷区总面积 23 平方千米。面对白银市日益突出的环境问题，当地的环保局束手无策。

1.3　产业结构不合理，城市发展潜力低

白银市三种产业结构严重失调，第一产业比重过小，第二产业比重过分偏大，第三产业仍处于发展初期，且发展缓慢。资源型产业大都属于中间投入型产业，产业关联之间存在后向关联度低、前向关联度高、难以带动下游产业及相关产业的发展等问题，限制了资源型产业对地方经济的关联带动作用。城市经济过分依赖资源型产业，造成严重失衡的城市经济结构。

采矿业自中华人民共和国建立初期就是白银市的支柱产业，因此白银市对采矿的依赖性很大，使得其缺乏一般城市的开放性，长久处于半封闭状态，本地区内的社会服务功能依附于采矿业，基础建设薄弱，加之城市功能不健全，第三产业、其他可替代产业发展水平低，极大地限制了城市的转型发展。

2　白银市绿色转型发展现状及经验借鉴

伴随着支柱产业的衰竭，白银市被列入全国首批资源枯竭转型城市名单。面对经济社会发展的严峻现实，白银市明确提出了依靠高新技术，改造提升传统产

业，培育发展接续产业的经济转型之路。转型的重点确定为经济转型，优化经济结构，建立新的产业支撑，重点培育"有色金属及稀土新材料、精细化工一体化、矿产业和资源再生利用、能源和新能源、机械和专用设备制造、非金属矿物制品、特色农畜产品深加工、黄河文化旅游"八大支柱产业，建设"有色金属、新型化工、复合型能源、特色农畜产品、物流仓储"五大产业基地。白银市的成功转型为其他资源枯竭型城市提供了丰富的经验。

2.1 白银市转型发展的现状

自转型以来，白银市认真分析自身区位优势、自然资源、国家政策及限制发展的各方面因素，破除束缚城市经济发展的旧模式、摸索解产业之困的出路、坚持以经济转型为根本。截至 2018 年，白银市的贫困人口大幅下降，贫困发生率降低了5%，100 多个贫困村达到退出标准，其中包括平川区、景泰县。

2.1.1 生态环境明显改善

白银市首先从改善生态环境入手，走绿色发展之路，全面修复老工业基地长期遗留的环境问题，重新塑造城市形象，为白银发展经济和重新凝聚人气、商气打好基础。

2005 年，全国人大常委会副主任盛华仁到白银视察污染状况。随后，在国家环保总局、国家发改委、甘肃省环保局共同支持下，白银开展了历史上最大的环保工程，白银有色金属集团有限责任公司铜业公司制酸系统改造工程开工建设。2006 年开始，白银市针对大气污染治理、城乡安全饮水、清洁能源建设和人居环境改善四方面实施"四大民心工程"，对全市环境污染的源头进行控制。

"十二五"以来，白银市针对大气污染及防治每年制定《城市大气污染专项整治方案》以及《白银市主要污染物减排计划》，并积极落实，全市大气污染得到控制，大气环境好转。2012 年，白银市市区环境空气优良天数达到 308 天。2017 年的优良天数比率为84%。不仅如此，白银市坚持推进环境绿化，大力开发扩建张家岭、金鱼、银光等公园，年造林 30 万亩以上，十年来累计完成各类重点工程造林 15 万公顷，森林覆盖率由原来的不到8%提高到现在的14%；治理后的金大沟由过去的排污沟变为了现在的主体风景公园。目前，东大沟已经成为重金属污染治理的试验场，对物理、化学、生物的防治手段进行试验，彻底摆脱了由国家重点监控的重金属污染控制区的污名。

2.1.2 产业结构趋于合理

资源枯竭型城市的症结是支柱产业陷入困境，尤其对于并不具备自然条件优势的白银市而言，城市转型的核心就是产业的转型。明确资源型城市转型发展这一目标，坚持规划为先，引进新产能作为城市发展助力，发展循环经济，通过构建产业体系实现补齐产业链，着力打造"3+4"产业集群，力促产品质量提高、行业效率提升。

调整三大产业结构，积极发展第三产业，摆脱产业结构问题带来的转型难题。以白银市会宁县为例，县域经济在优化结构中加快发展，三次产业结构由29.5：23.8：46.7调整为31.3：20.3：48.4。其中，第一产业、第三产业比重提高，第二产业比重降低。第一产业方面：科学制定乡村振兴战略规划，加快农业农村现代化步伐，实施农业品牌战略，健全农产品质量和食品安全标准体系，坚持质量兴农、绿色兴农。第三产业方面：白银市大力发展以农耕文化为魂、以田园风光为韵、以村落民宅为形、以生态农业为基的乡村旅游；立足黄河流经白银258千米的优势，集中精力打造黄河石林景区、水川康养小镇等特色景观。截至2016年5月，白银市共有A级景区6家、星级宾馆16家，5年来累计接待游客2100万人次，实现旅游总收入100亿元，年均增幅25%以上。与此同时，白银市正积极融入"一带一路"建设，以全域旅游为统揽，按照优质旅游发展要求，着力打造"六大主题"旅游精品线。白银市通过增加对旅游业的资金投入，力争实现旅游体制机制高效顺畅，旅游产业规模持续壮大，旅游综合实力显著增强。

2.1.3　基础设施趋于完善

白银市在注重经济发展的同时不忘人民福祉，着力解决好就业、就医、就学、收入、社会保障、住房等民生问题，切实增进人民福祉。

据统计，2016年，白银市共拥有各类医疗卫生机构1385个，全市新型农村合作医疗平均参合率高达99%；全市学龄儿童入学率与初中入学率均达到100%，高中阶段入学率也达到了94%。2018年，白银市完成农村危改任务3500余户，修路390千米，完成68个贫困村综合文化服务中心改造任务，同时将农村保障体系建设作为底线任务，对农村5万户18万人低保对象和4000多特困供养对象全部落实兜底保障。2019年初，白银市城市地下综合管廊全面建成投运，中兰客专、景泰至中川机场高速公路、白银至中川机场一级公路、景泰大水至白银一级公路、引大入秦延伸景泰供水项目等重点工程加速推进，甘肃中部生态移民扶贫开发供水工程取得进展。此外，白银市还通过兴电灌区渠道维修、正路提灌工程、戈壁农业调水等水利扶贫项目，对乡村水利基础设施进行改善。

2.2 白银市转型发展的模式

2.2.1 加快推进产业结构优化升级，完善现代产业体系

白银市坚持有色绿色齐头并进、农业工业协调发展、三次产业融合提升的发展方向，大力培育现代产业体系，加快推进新旧动能转换。现代农业稳步发展，积极谋划农业产业布局，培育壮大特色优势产业和各类经营主体，农产品产供销体系更加完善；传统工业改造提升步伐加快，充分运用国家老工业基地调整改造政策，依托技术创新，延伸产业链条，打开了传统产业成长的新空间。战略性新兴产业加速成长，以新能源、新材料、先进装备制造、生物医药、信息技术等产业领域为发展重点，同时开展优势产业链培育行动，促使战略性新兴产业成为促进产业转型升级的重要动力；现代服务业扩量提质，把文化旅游、商贸物流、金融服务等现代服务业，作为培育新动能的关键领域和推进产业升级的有力支撑，加以推进。

2.2.2 推进改革创新，激发经济发展活力

近几年，白银市与中科院近代物理研究所、兰州大学、西北师范大学等科研机构和高校合作，将其进入孵化器，通过占领人才高地，扩大人才优势，实现科技不断创新，充分发挥改革创新的引领作用，创新促进改革，开放推动创新，为经济发展注入新动力、增添新活力。2018 年 2 月中旬，国务院正式批复同意兰白国家自主创新示范区建设。随后白银市将工作重心放在兰白试验区和国家自主创新示范区的建设，制定自创区"3 + 2 + 10"创新驱动政策体系，探索形成"四个依托"创新模式，在规范运行、完善基础、创新突破、强力招商、立体打造等方面持续加力，使自创区步入良性发展轨道。

白银市始终把创新作为转型升级的首要路径，从组织领导、政策制定、责任分工、督查落实等方面，高层次推动兰白国家自主创新示范区和兰白科技创新改革试验区建设，全力打通科技向现实生产力转化通道。

2.2.3 树立营商环境，构建新型政商关系

古人云"栽下梧桐树，引来凤凰栖"。白银市深谙此理，全面深化"放管服"政策改革，努力打造营商环境，既是为吸引投资者，更是为了留住投资者。2018 年，该市结合工作实际，及时印发《开展"减证便民"专项行动实施方案》，明确范围全覆盖，坚持以最大限度利企便民为出发点。坚持合法性、合理性、信息共享和承诺原则，对所有事项办理涉及的证明材料设定"四个一律"，最大限度减少办件材料。同时有效结合"最多跑一次"事项梳理工作，通过减

少审批环节、压缩审批时限、简化审批程序，切实改进服务质量，提高办事效率，为深入开展"减证便民"专项行动奠定良好基础。

2018年白银市政府发布了《白银市推进"证照分离"改革试点方案》，并确定高新区作为全市"证照分离"试点，实施"一照多址"改革，其中规定了出版物出租经营备案等事项将取消审批，30平方米以下小型餐饮的经营许可将由审批改为备案。"证照分离"改革试点的目的在于将政府的精力从关注事前审批转移到事中事后监管上来，减轻企业负担，提高办事效率，构建"亲""清"政商关系。

2.3 转型发展过程中的经验借鉴

2.3.1 充分发挥政策引导指导的作用

白银市以政策创新为先导，坚持问题导向，紧紧围绕"小机构、大服务、高效率"的发展理念，着力在体制机制和政策创新上先行先试，高质量完成了建设国家自主创新示范区的有关实施方案，在走访调研之后，依据本区域发展现状，制定出台了《高新区专利资助办法》《高新区创新创业人才资助办法》等政策文件，科学谋划政策创新，以政策激发技创新活力。

通过逐步构建起较为完善的创新政策支撑体系和开放式公共服务体系，大大提升了创新政策的针对性和执行力，加快推动了技术、人才、资金等要素的合理流动和高效组合，为园区建设提供了制度保障。针对园区中存在的问题，制定了一系列的规范性文件，并对此积极落实。通过加快新旧动能转换、推进绿色生态产业发展一系列政策举措的出台，有效推动全市经济转型升级、提质增效、行稳致远。

2.3.2 坚持改革创新，扩大开放合作

白银高新区以产业优化为突破，充分发挥高新区科技输出、产业孵化的核心带动作用，推动"一区六园"（白银高新区和银东、银西、刘川、平川、正路、会宁六大工业园）错位发展、整体联动，对各园区主导产业进行了重新划分；强调企业创新主体地位，支持企业与高校、科研院所开展产学研合作；促进科技成果到应用转化，加快企业孵化器建设，打造创客空间、创新创业中心和新兴产业"双创"示范基地；深化科技合作交流，加强与其他地区的自主创新示范区的合作，加快推进兰州大学白银产业技术研究院、兰州理工大学白银新材料研究院建设，引进落地一批重大科技创新项目和高端研发团队，建成本区域内的创新基地与服务平台；加强科技人才队伍建设，实施急需紧缺高层次人才柔性引进计划，

加大创新型人才和创新团队引进，推进院士工作站建设，加快培育本土创新型和高技能人才，进一步激发各类人才创新创业活力。白银市明确提出了发展新技术、新产业、新业态、新模式"四新经济"战略目标。在确定产业发展战略地位、方向、目标后，白银市围绕优势主导产业升级精准招商，促进产业集群化、高端化发展。

2.3.3 强化人才支撑

人才不仅是科技创新的根基，更是其核心要素。白银高新区极其重视人才队伍的建设，因此成立了创新创业人才服务中心，旨在为创新创业人才提供便捷、高效的专属服务。

白银高新区以培育引进为举措，确定了实施"十百千万"人才培育引进计划，计划五年内建成十个院士工作站，引进百名博士，培育千名领军人才，建立万名在外归根人才库，打造新时代白银人才"联合舰队"的精锐之师。同时，优化人才引进机制和环境，通过打造一批研发、转化和服务平台，在高新区吸聚一批产业领军人才、创业投资家和创新型企业家。联合各类创新主体，培育和建成各类以科技企业孵化器为主的创新创业服务机构。

3 白银市转型发展中存在的问题及解决建议

白银市以发展循环经济为主，探索出了一条最符合自己城市转型升级发展的新路子，使其重新焕发生机。经过长期努力，白银市在转型升级、"一区六园"建设、基础设施建设等方面打下了良好基础，形成新的比较优势。但总体看来转型发展在节能环保方面还有所欠缺，并未达到真正意义上的绿色转型。

3.1 在绿色转型中存在的问题

3.1.1 节能环保产业竞争力不强

节能环保产业是指为节约能源资源、发展循环经济、保护环境提供技术基础和装备保障的产业，其六大领域分别是节能技术和装备、高效节能产品、节能服务产业、先进环保技术和装备、环保产品和环保服务。"十二五"时期以来，白银市大力推进节能减排，发展循环经济，积极推动产业结构调整和发展方式转变，努力建成资源节约型、环境友好型社会。在全市的努力下，白银市的节能环保产业初具规模，循环经济的发展格局基本形成。在节能环保领域涌现出众多发展潜力大、技术实力强的企业，其中包括甘肃倚通、甘肃鸿煜、白银天晟以及甘肃恒大陶瓷；在资源循环利用方面将循环经济示范区建设融入兰白核心经济区、兰白承接产业转移示范区建设。

但白银市现有的节能环保产业企业总体规模偏小，能够为市场提供定制化、系统化、一体化服务的企业较少。据统计，截至2017年9月，白银市节能环保的众多企业中，小微企业占18%以上，产值过亿的企业仅有5家；白银市仍以有色、化工、电力和煤炭四大传统行业工业为主导，战略性新兴产业比重小、数量少，品牌影响力低；节能环保服务业发展滞后，其服务范围仅限于节能评估、清洁生产、环境影响评价等基础的咨询服务。

白银市的节能环保产业整体技术水平低，掌握关键核心技术、从事高端设备制造的企业不多。例如，新型节能产品主要以节能保温门窗、轻质墙体饰材、陶瓷薄板、高性能玻璃等新型建材产品为主。

3.1.2　投资、融资机制不健全，项目资金支撑不足

白银市政府投资、融资管理立法滞后。由于地方政府缺乏在投资融资方面的法律规范的约束，导致政府投资、融资平台数目繁多，筹资渠道不规范透明，投资决策随意性强，政府投资效率低，甚至债务负担沉重。

关于节能环保产业投资融资的机制不健全，缺乏融资平台和土地利用、税收优惠、奖励扶持等方面的优惠政策，对市场主体的吸引力不够；融资渠道不宽泛。迄今为止，白银市尚未形成资本市场的多元层次，尚未建成直接融资渠道，创业投资机制不健全；该市的节能环保企业多以中小企业为主，但由于金融机构风险评估制度和银行利润的影响，商业银行对中小企业的信贷门槛高，无形中增加了其融资难度。至此，白银市现有的大多数环保项目依赖政府拨款建设，依靠政府补贴维持运营，投资渠道单一、数量小，难以满足日益增长的市场需求，不少环保项目由于融资难无法启动或者中途搁置。

3.1.3　环保技术创新能力不强

白银市包括靖远煤业集团、中油白银分公司和白银昌元化工在内的一大批企业，在环保领域的技术改造工程和项目仅着力于环境土壤修复、重金属污染治理和环境低排放改造三个方面，对清洁能源的利用率小，在清洁技术方面的研发力度低；以长盛公司、白银公司、白银有色公司在内的非节能环保企业，在资源循环利用领域仅限于拆解废旧汽车、综合回收利用贵金属、精深加工有色金属、再生利用润滑油等方面，资源循环利用面狭小、循环利用资源少、循环产业发展程

度较低，对于循环利用技术的投资力度不够，创新能力不强。

就目前而言，白银市的节能环保类企业对一般性生产要素（例如劳动力、土地、资源）投入依赖性大，对于人才、技术、信息的依赖性小，即节能环保产业企业的关键技术及核心技术有待提高，欠缺蕴含一定市场价值的技术；行业内特色创新不突出；产品科技含量低，关键核心技术与高端装备对外依赖性高。

白银市的创新服务中介机构偏少、功能不健全，仅停留在基础问题的咨询层面，服务能力薄弱，不能起到环保项目发展的支撑作用，环保项目、产业整体创新能力低。

3.2　促进城市绿色转型的解决措施建议

3.2.1　建立健全绿色低碳循环发展的法律体系

建立健全绿色低碳循环经济发展体系是实现城市绿色转型的核心。

3.2.1.1　建立健全循环经济发展的法律法规

促进资源枯竭型城市绿色转型的首要目的是将经济发展同资源的循环利用和环境保护密切结合起来。我国循环经济的理念还停留在学术阶段，循环经济的实践还处于探索初期，并未形成一定规模。因此，相关的配套制度建设还有很多空白。我国现有环境方面的立法虽然有关于循环经济的规定，但尚未形成法律体系，因此，关于循环经济的法律法规还需要进一步制定和完善。

在我关现有法律法规中增加有关循环经济发展的规定，例如在《宪法》中增加循环经济的规定。《宪法》是我国的根本大法，拥有最高的法律效力，一切法律法规都必须依据宪法，不得同《宪法》相抵触。在《宪法》中增加"通过促进物质的循环，减轻环境负荷，将经济发展与环境保护相结合，构筑可持续发展"等相关内容，是建立健全绿色低碳循环发展的法律体系的核心环节；在《环境保护法》《固体废物污染环境防治法》等现行的法律中增加循环经济的相关内容。例如将循环经济纳入《环境保护法》的原则当中，在《固体废物污染环境防治法》中增加"如何避免废弃物产生""规定各类包装物的回收""废弃物再利用责任制"等内容；在必要的时候，制定专门的《循环经济法》，明确政府、企业、公众在循环经济发展中的权利与义务，将碎片化的法律规定有机的整合，逐步构建起符合国情的循环经济法律体系，实现城市绿色转型。

3.2.1.2　建立循环经济发展奖惩机制

目前，我国对资源综合利用企业的优惠政策不能全部落实，致使进行资源综合利用的企业积极性降低，企业方面对资源综合利用的科技创新的研发投入减少。政府改变政策实施的方式，让企业切实的感受到政策上的优惠，促进企业自发的发展循环经济。通过行政手段对资源配置进行干预；通过税收进行调节，例如增加企业在污染过程中的税收种类，资源综合利用的企业的税收相较于未进行资源综合利用的企业少，污染小的企业较污染大的企业少，从而达到促使企业自发进行绿色发展的目的；对治理污染、积极创新的企业增加政府财政补贴，由政府出面建立绿色发展基金，对拒绝绿色经济转型、污染大的企业加大惩罚力度等。通过奖惩达到城市绿色发展的目的。

3.2.1.3 完善公民监督制度

想达到城市绿色发展的目的，仅法律规范、政府引导是不够的，作为监督体系最广泛最基础的公民监督必不可少。公民监督不仅监督政府的活动，还可以监督企业对于政策的落实程度。但由于公民监督制度仍存在缺陷，致使公民监督的成效不大，为了保证政府政策的科学性以及企业对政策的落实，完善公民制度迫在眉睫。对政府公务与企业环境信息公开。政府信息公开不仅是对政府有效制约的前提，也是对企业是否遵循政策的评判标准。将政府、企业与公民有机动态的联系起来，强化经济绿色发展。

3.2.2 倡导政府政策扶持

政府对新兴产业的扶持，是实现经济绿色转型的基础。对节能、发展循环经济、保护环境提供技术基础和装备的产业、企业资金支持。通过补助、贴息、参股等方式给予节能环保产业和项目资金支持；对绿色创新型产业、项目的招商引资提供支持；提供人才政策支持。通过创业孵化器的运营为当地吸引更多的高质量人才前来创业，通过托管型孵化器为创业者提供基础设施，一方面有利于创业者全身心投入产品的设计和创新中，另一方面吸引外来的企业进行投资、融资，为城市绿色转型注入新的活力；提供土地政策支持。在新增加的工业用地优先考虑节能环保新兴产业、项目，对各市、县、园区引进的重大节能环保产业项目在征地成本方面进行补助，鼓励园区内已有的企业之间建立环保产业、科技创新聚集区，降低企业用地成本，增加对其他要素的资金投入，尤其是技术创新的资金投入，同时，环保产业、科技创新聚集区的建立有利于各企业间相互交流借鉴，推动技术绿色创新的发展。

3.2.3 发展高效节能产业，提升环保技术产品供给水平

3.2.3.1 加大环保技术和装备的资金投入

逐步加大环保技术和装备的资金的投入力度，为实现白银市绿色转型、发展高效节能产业提供强有力的支撑。为研发高质量发展优势节能装备投入资金。将

稀土永磁、发光材料、荧光灯、节能灯、LED 照明等作为发展的重点，推动绿色照明产品及配套器件产业化、规模化生产应用。重点发展高效节能锅炉窑炉相关装备与技术，打造煤粉生产、加工、配送为一体的高效锅炉制造基地；继续发展电力行业、采矿行业技术装备。强化电机及拖动系统与现代信息控制技术相融合，加快现有电机系统节能改造，加大节能电控设备应用和推广；推广高校机械化填充开采技术，减少采空区；采用煤炭储存减损抑尘技术及设备，减少煤炭开采过程中产生的污染；同时加大余热余压利用技术研发推广。重点攻克基于吸收式换热的集中供热和工业生产过程换热等重大技术，推广低温烟气余热深度回收等关键技术，支持余能发电上网，推动能源按品质高低实现梯级利用。

3.2.3.2　增强优势环保产品绿色竞争力

大力发展环保产品，提高环保产品的质量。依托甘肃西部凹凸棒石应用研究院，构建"凹凸棒石＋"产业体系，强化凹凸棒石在土壤改良治理、干燥吸附、肥料等方面的应用研究，研发环保新产品。推广以微生物絮凝剂、氯氟氰代替品以及可降解地膜餐盒、包装材料为主的环保产品，推动建设白银高新区绿色园区，打造绿色生态环保产业集聚区。

加快发展环保服务行业。强化环境调查、规划与设计、风险评估等基础咨询服务；增加污染场地环境调查与评估、环境安全评估、人才培训等内容，完善环保服务业体系。鼓励环保服务机构在市政公共领域、工业园区以及重点行业实行包括 PPP 模式在内的市场化服务模式。

牢记树立高质量绿色发展理念，实施品牌发展战略。品牌发展战略是指企业根据内部和外部环境，为了确立品牌的优势并将优势持续下去而对品牌目标以及实现目标所用手段的总体谋划。白银市目前尚未有能作为市场领导者的品牌，但却存在大量有潜力的品牌，例如白银风机厂有限责任公司金扇牌离心风机、白银天丰磷复肥有限公司雁湖牌过磷酸钙、甘肃容和矿用设备集团有限公司容和集团牌矿用防爆电器等，白银市在增强企业自身实力的前提下，塑造自己的强势品牌，努力实现由产品到品牌的转型升级。

3.2.4　大力推进资源综合利用

资源回收利用和环境综合治理是发展循环经济的两大根本目标。因此，实现循环经济发展的首要任务是推进资源综合利用。

资源综合利用主要是指在矿产资源开采过程中对共生、伴生矿进行综合开发与合理利用；对生产过程中产生的废渣、废水（液）、废气、余热余压等进行回收和合理利用；对社会生产和消费过程中产生的各种废物进行回收和再生利用。

经过数年坚持不懈的努力，白银市在矿产资源的综合利用方面取得了不小的成就，但在共伴生矿产资源、工业三废的综合利用方面仍存在不足。为了提高白银市矿产资源综合利用率，促进当地实现绿色转型发展，应当大力推进资源综合利用。对矿产资源和工业三废的回收利用制定合理的技术化指标，加强对资源综合合理利用的监督管理；对资源利用项目进行技术经济评价，对资源利用项目进行管理，对有重大价值的资源综合利用项目增加投入。

资源枯竭型城市转型的要求随着社会的进步越来越高，从最开始的注重产业结构的调整、寻求经济效益的发展到如今的经济发展与生态环境保护并行。在转型过程中突出法律的规范作用与政府的引导作用，实现循环经济与资源综合利用，注重节能环保产业的发展与环保技术的创新，实现资源枯竭型城市的绿色转型，促进社会的可持续发展。

参考文献

［1］杜春丽，洪诗佳．资源枯竭型城市转型政策的绩效评价［J］.统计与决策，2018（18）.

［2］赵森．资源枯竭城市经济转型问题研究［D］.中共吉林省委党校硕士学位论文，2014.

［3］张晓燕．白银市循环经济发展探索［J］.农业环境与发展，2012.

［4］鲍瑜．甘肃省张掖市旅游业发展对经济增长的影响研究［J］.经贸实践，2018（11）.

［5］石嘴山市人民政府．石嘴山市国民经济和社会发展第十三个五年规划纲要［N］.石嘴山日报，2016 – 05 – 30（A06）.

［6］曲卫华．推进资源型经济绿色转型［N］.山西日报，2019 – 03 – 19（010）.

［7］时慧娜，魏后凯．"十二五"时期中国资源型城市援助政策的调整思路［J］.经济学动态，2011（2）.

［8］刘士伟，李丹．资源枯竭型城市与地方高校协同创新创业发展模式研究——以阜新市为例［J］.中国多媒体与网络教学学报（上旬刊），2018（8）.

［9］陈伟．我国环境立法对生态村建设的保障及其不足［J］.兰州学刊，2019（1）.

［10］石天然．中国煤炭工业的可持续发展［J］.中国资源综合利用，2017（7）.

［11］缪协兴，钱鸣高．中国煤炭资源绿色开采研究现状与展望［J］.采矿与安全工程学报，2009（1）.

［12］杨振营．推动绿色发展的关键是要建设良好生态［N］.沧州日报，2015－12－03（P07）.

［13］黄耀慧．乘风破浪四十载欲火重生换新颜——改革开放40周年白银市经济社会发展综述［J］.发展，2019（9）.

［14］苏君．新时代白银市新旧动能转换的思考［J］.国家治理，2018（40）.

［15］刘彦君，张金龙．改革奋斗四十载凤凰涅槃启新程——白银有色纪念改革开放40周年侧记［J］.中国有色金属，2018（19）.

［16］任海军，顾晓雅，王小玲．资源枯竭型城市工业行业优劣势转化动态研究——以甘肃省白银市为例［J］.经济研究导刊，2011（28）.

［17］诸大建，朱远．生态效率与循环经济［J］.复旦学报（社会科学版），2005（2）.

［18］李严博．白银市金融支持高新技术产业发展研究［D］.兰州大学硕士学位论文，2017.

［19］刘锦．基于PPP模式的建筑企业融资困境及优化对策［J］.中国市场，2019（15）.

［20］姚春玲，刘振楠，滕瑜，等．铜渣资源综合利用现状及展望［J］.矿冶，2019（2）.

［21］翟彬，聂华林．资源型城市转型中城乡协调发展研究——以甘肃省白银市为例［J］.城市发展研究，2010（4）.

［22］邓骞．打造地方投融资平台的探讨［J］.经济师，2012（1）.

［23］李静云．循环经济立法必要性及其立法模式和原则探讨［A］.水污染防治立法和循环经济立法研究——2005年全国环境资源法学研讨会论文集（第二册）［C］.2005.

［24］伊亚奇．中外循环经济法律制度比较研究［D］.中国海洋大学硕士学位论文，2008.

［25］孟仓．中国循环经济法制保障完善及研究［D］.湖南大学硕士学位论文，2011.

［26］涂承文．完善我国环境税制度的政策研究——以江西宜春为例［D］.江西财经大学硕士学位论文，2017.

［27］陈力华．农业企业生态创新行为及其绩效研究［D］．西北农林科技大学硕士学位论文，2016.

［28］袁满．地方政府促进产业集群发展的对策思考［J］．产业与科技论坛，2016（7）．

［29］张颖．论企业可持续发展的品牌战略实施［J］．中国商论，2019（6）．

绿色发展路径的实践考察

——关于响水"3·21"爆炸案的思考

梁 艳

（兰州理工大学法学院，甘肃兰州，730050）

摘 要：近年来，党和国家一直强调要走生态优先、绿色发展的新路子。但现实情况却不容乐观。江苏响水"3·21"爆炸案的发生，不仅造成了严重的人身伤亡和巨大的财产损失，而且产生了水源、空气、土壤等环境污染隐患。这次重大事故导致响水工业园被关闭，众多化工企业被推上风口浪尖。本文通过对响水爆炸案的前因后果进行深入探究，认为主要根源在于企业缺乏环保意识，未能及时实施绿色转型发展；当地政府对企业监管不力，没有践行生态优先、绿色发展的理念。我们应从企业和政府两个层面进行深刻反思。一方面，化工企业要向精细化工转型，加大绿色环保技术的创新和应用，应建立绿色生产制度，采用循环利用的绿色发展模式，做到企业生产过程的零费化。另一方面，政府应健全绿色生产发展的标准体系，应给予企业绿色发展的财税支持，建立起完备的绿色发展保障体系，用绿色发展的理念完善相关立法，加强监督，严格执法。

关键词："3·21"爆炸案；企业违法；绿色技术创新；绿色保障体系

党的十八届五中全会首次提出绿色发展的新理念。同时，国家积极倡导将绿色发展理念全面融入生态文明建设之中。但就我国目前的情况来看，政府和企业的绿色发展理念依然没有全面落实。江苏响水"3·21"爆炸案，就是典型的政府立法不完善、监管不强和企业自身环保意识薄弱而导致的悲剧。因此，如何推

作者简介：梁艳（1994—），女，甘肃静宁县人，兰州理工大学法学院硕士研究生，研究方向为环境法。

进绿色发展已经成为我国经济发展过程中亟待解决的问题。

1 响水 "3·21" 爆炸事故的严重后果

1.1 巨大的人身伤亡和财产损失

响水 "3·21" 爆炸事故一共造成 78 人死亡，566 人受伤。2018 年全国化工事故 28 起，共造成 82 人死亡，而响水这一次爆炸的死亡人数就超过了 2018 年全年的九成。同时，此次事故波及周边 16 家企业和周围居住的居民，有 89 户居民房屋严重受损，863 户居民房屋一般受损，需要重新加固或者重建，居民直接经济损失预计高达 4 亿多元。

1.2 严重的环境污染隐患

事故发生当天 18 时 40 分，江苏省盐城环境监测中心在爆点下风向 3500 米（海安集敏感点）监测发现，二氧化硫浓度为 28.5 毫克/立方米，氮氧化物浓度为 86.9 毫克/立方米，分别超出《环境空气质量标准》（GB 3095—2012）二级标准的 57 倍和 348 倍。新丰河闸内 26 日 10 时氨氮浓度为 256 毫克/升，超出《地表水环境质量标准》（GB 3838—2002）标准 127 倍；二氯甲烷为 0.85 毫克/升，超标 41.5 倍；苯胺类为 3.24 毫克/升，超标 31.4 倍；化学需氧量为 334 毫克/升，超标 7.4 倍；二氯乙烷为 0.074 毫克/升，超标 1.5 倍；苯为 0.024 毫克/升，超标 1.4 倍；三氯甲烷为 0.088 毫克/升，超标 0.5 倍。闸外氨氮为 2.97 毫克/升，超标 0.5 倍。3 月 25 日 18 时开始，监测发现事故地下风向 1000 米处苯时有超标，27 日 10 时，事故地下风向 1 千米出现苯超标现象。污染物不断反复，而究其原因主要还是现场作业导致前期被埋污染物重新暴露，持续挥发造成下风向超标。这些被污染的地方到底何时才能完全恢复，居住在这里的居民如何才能保障自己的人身安全，这些问题亟待答复。

1.3 响水工业园区关闭

本次事故引起社会对化工园区发展的广泛关注。4 月 5 日，江苏省盐城市决定彻底关闭响水化工园区，并根据省化工行业整治提升方案，进一步抬高盐城市化工园区、化工企业整治标准,支持各地区建设"无化区"。此次盐城市关闭化工园区的举动,对整个化工行业也产生了巨大的影响,很多化工企业被推上风口浪尖。有人认为,此次盐城市关闭响水化工园区的行为,将起到示范带头作用,未来将会有更多的化工园区被关闭。此外,响水工业园区的关闭将造成相关产业的供给短缺,导致价格上涨,向终端传递。化工行业将产生较大的供给收缩,将促使现有企业更加重视安全环保,但也会对产业链供给安全形成一定的威胁。

2 响水"3·21"事故发生的原因分析

2.1 企业缺乏环保意识

导致本次特大事故发生的江苏天嘉宜化工有限公司(以下简称"天嘉宜公司")从2012年起,就一直存在环保问题。2012年,天嘉宜公司伙同他人非法处置危险物品100余吨,严重污染环境,被判处罚金100万元。2018年5月,响水县环境保护局对天嘉宜公司违反项目环境评价"三同时"制度、固体废物管理制度、大气污染防治管理制度罚款48万元。2018年5月,响水县环境保护局对天嘉宜公司采取逃避监管方式排放大气污染物和违反固体废物管理制度罚款53万元。2018年12月,因天嘉宜公司整改不力,园区被江苏省原环保厅延长了6个月的区域限批。2016~2018年,天嘉宜公司及周边企业受到的环保方面的行政处罚不计其数。由此可以看出,天嘉宜公司作为一家化工企业,在生产过程中本应该极其重视环保问题,但其实际却对环保问题视若无睹,屡次遭遇行政处罚而不悔改。在环保意识极其薄弱的情况下,发生这样的事故是必然的,而不是偶然的,所有的量变积攒到一定的程度都会发生质变。

2.2 政府监管不力

对于本次事故的发生,我们在指责企业缺乏环保意识的同时,也应该看到政府在监管方面的问题。仅仅在2018年一年的时间中天嘉宜公司就连续三次因为环保问题而被处罚。2018年6月5日至7月5日,中央第四环境保护督察组对江苏省第一轮中央环境保护督察整改情况开展"回头看",督察组组长马中平向江苏省委、省政府通报督察意见时曾指出,盐城市响水生态化工园区等化工园区企业废气收集处理设施建设不到位、运行不正常现象普遍，园区异味明显。江苏省12 家石化企业，仍有 9 家未按整改方案要求安装挥发性有机物环境监测设施。对这样一个在环保方面劣迹斑斑的企业，政府在发现问题后没有及时解决这些问题，而最终酿成此次悲剧，这不仅是企业的问题，也是政府在行政执法过程中所存在的监管不严的问题。

2.3　环境保护方面的法律体系不健全

在践行绿色发展理念的新时代，我国环境保护方面的立法也存在很多问题。首先，最严重的问题就是环境保护法律体系不健全。我国在改革开放初期采用的是粗放型的经济发展模式，对环保问题没有给予足够的重视，尤其是没有对化工企业这种高污染的企业给予足够的重视，导致我国整个环境法律体系都处于滞后状态，在保护环境、绿色发展方面缺乏有力的法律规制。其次，环境保护立法的滞后也导致了环保责任不明确等问题。此次重大爆炸事故的主要负责人天嘉宜公司多次受到行政处罚而依然没有改变的主要原因还是环保责任不明确，行政执法中存在模棱两可的情况，没有使企业对环保问题给予足够的重视。最后，现有的立法观念还停留在先污染后治理的老路上，忽视了污染防治应该从源头上解决的问题，这也是天嘉宜公司一直都没有重视环保的一个重要原因。同时，现有的环境污染处罚力度较小，天嘉宜公司虽然在 2018 年遭受了三次行政处罚，但是处罚的力度相对于所造成的环境损失而言却是微不足道的。

3　化工企业如何走绿色发展之路

3.1　企业要改变现有的发展模式

3.1.1　加大环保技术的创新和应用

科技创新已成为发展的必由之路，化工企业要走绿色发展之路，必须扩大现有环保技术的创新和应用。应将技术创新放在企业发展的战略地位，加大环保技术创新方面的经济投入力度。在加大技术创新力度的过程中消化吸收现有的环保技术。紧跟国际趋势，重点加大环保技术、清洁技术等方面的研发投入力度，抢占国际、国内技术创新的制高点，开发一批有利于节约耗能、提高产品质量，又有利于企业保护环境、治理污染的新技术、新工艺。国家管理机构还要为民营化工企业提供防污治理的先进技术和方法，有效降低民营企业因环保而新增的成本，加强化工企业走绿色环保之路的积极性。

3.1.2 改变现有的发展模式，向精细化工转变

我国现有的化工企业大多数还是走原来的发展模式，这种传统的发展模式不仅存在严重的环境问题，而且也不利于企业的长期发展。就目前国际发展趋势来看，化工企业已经开始转变发展模式，走精细化工之路。由于精细化工产品的附加价值高，现在越来越多的化工企业，包括许多著名的跨国化工公司，都把精细化工产品视为新的经济增长点。精细化工的市场占有率逐渐增加。我国化工企业想要长期发展，增加国际竞争力，就必须以精细化工为发展方向，增加精细化工的科研投入，开发新技术。

发展精细化工，国有大型化工企业要起到示范带头的作用，因为精细化工的发展已经成为世界各国发展化学工业的战略重点，也是衡量一个国家化学工业发展的重要标志。就我国目前的发展状况来看，精细化工产品主要集中在中小化工企业中，大型石化企业对此涉及并不多。所以，大型石化企业必须转变发展模式，走精细化工之路，同时带动中小化工企业发展，为企业的长远发展开辟道路。

3.1.3 加强环保意识，走绿色发展之路

保护环境、绿色发展已经成为企业发展的必由之路。而如何走这条路、走好这条路，首先要做的就是转变现有的发展理念，加强环保意识。因此，化工企业要提高每一位员工特别是公司管理层员工的环保意识，形成预防为主、防治结合的环保态度。让每一位员工都意识到走绿色环保之路的重要性。同时，企业要构建完善的环保机制，成立专门的环保部门，实行领导责任制，将环保责任具体到人，加强监督管理机制。此外，企业还应完善环保方面的规章制度，明确各岗位的分工和工作职责。制定相应的考核机制，从多个方面加强对员工行为的约束，并且加强对员工环保意识的教育和培训，提高员工的环保意识，让企业走绿色发展之路。

3.1.4 大力发展循环经济

众所周知，化工企业在生产过程中会产生大量的废水、废气、废渣。这些污染物排放到大气或者土壤中会造成严重的环境污染。因此，化工企业的"三废"处理已经成为走绿色环保之路的重中之重。做好化工企业的"三废"处理，不仅可以保护环境，减少污染，也可以提高企业的资源利用效率，增加企业的经济

效益。而目前我国大多数化工企业的原料利用都是一次性的，需要根据减量化、再利用、再循环的原则，寻找新的技术，大力发展循环经济。将"三废"作为再生产的原料，提高化工企业的生产效率，减少"三废"的排放。

3.2 政府践行环保优先、绿色发展的理念，完善相关制度

3.2.1 健全现有的绿色发展标准体系

党的十八届五中全会以来，我国首次将绿色发展、环保优先放在国家发展的重要战略地位。然而，如何贯彻绿色发展、环保优先的理念，从中央到地方都缺乏一个较为完善的标准体系。因此，在践行绿色发展、环保优先的大背景下，政府相关部门必须健全现有的绿色发展标准，加强引领绿色发展的标准体系建设；加快行业绿色制造体系构建和开展绿色工厂、绿色产品认定工作；着力解决突出环境问题，深入推进废盐、废酸、固体废弃物、挥发性有机物的治理。同时，力求做到中央和地方环保标准的一致性，为今后化工企业的发展提供一个正确的方向。

3.2.2 给予绿色环保企业财税方面的支持

我国化工企业发展之所以沿用之前的发展模式，最主要的原因是之前的发展模式成本较低，企业可以利用最小的成本获取最大的利益。如果采用新的发展模式，做精细化工产品，走环保绿色发展之路，对企业来说，投入的成本太高。因此，笔者认为政府应该给予那些想要走绿色发展之路的企业财税方面的支持，增强其发展积极性。同时，通过财税支持引导更多的企业走绿色发展之路。此外，还应建立相关的考核评价体系，对环保方面做得比较好的化工企业，给予财税支持之外的奖励和表彰，对不符合环保指标的企业也应该做出相应的惩处和批评。

3.2.3 完善相关立法

我国目前的环境法律体系并不完整。环境法是多个部门法综合发展的结果，涉及宪法、民法、刑法、诉讼法等在环境保护方面的立法。而这些法律的执行，不可避免地会改变环保法体系的内容，影响环保法的执行。因此，如何完善相关立法，确保环境保护法的具体运行已经成为我们亟待解决的问题。同时，我们也应该转变传统的立法观念。改变之前以环境污染防治为核心的传统环境法体系。有学者认为，环境保护不是对已有污染的治理，而是减少污染和倡导生态环保。然而我国立法却长期忽略这个问题，这也是目前我国自然资源保护不力的一个重要原因。因此，我们现在必须改变这一局面，做到环境保护自下而上，立法自下而上，加强和完善政府对环境的立法工作和法律保障体系，鼓励民众积极参与环

保工作，做到保护环境人人有责。

此外，我国环境立法不完善也导致了执法方面的滞后性，很多问题没有完善的法律来进行规制，在执法的过程中不能有效执法，执法不严问题时有发生。各执法部门之间的权责划分不明确，容易出现相互推诿的现象。并且，我国现有的法律在环境污染方面的处罚力度较小，对企业起不到震慑作用。以本次事故的责任人天嘉宜公司为例，仅 2018 年就遭受了三次环保行政处罚，但每次行政处罚的金额和所造成的环境损失相比却是微不足道的。因此，加强环保方面的行政处罚力度也是我国环境立法亟待解决的问题。所以，我们必须及时完善环境立法，做到有法可依，有法必依，执法必严，违法必究。

良好的生态环境是社会可持续发展的关键，化工企业作为国家经济发展必不可少的经济主体，必须承担起生态环境保护的重任，及时调整现有的发展路径，走精细化工、绿色发展的新路子。同时，基层政府也应坚守生态红线，彻底践行生态文明和绿色发展的理念，完善环境保护方面的政策法规，对化工企业的绿色发展给予相关的政策支持，增强化工企业绿色发展的积极性。

参考文献

［1］嵇颖．化工民营企业环境保护法律问题探讨［J］．广州化工，2008，36（2）：77 – 79.

［2］范有为，陈彬．论化工企业环境保护存在的问题及治理对策［J］．中国市场，2018（17）：64.

［3］裴国春．当前化工企业生产中环境保护问题的探讨［J］．科学与财富，2012（3）：159.

［4］张天聪，李德，高玥．民营化工企业环境保护法律问题探讨［J］．化工设计通讯，2016（10）．

［5］刘泰宇．全面实施环保管理与化工企业的绿色发展［J］．化工管理，2017（32）：243.

［6］顿春伟．中小化工企业整治提升对策研究与方案实施［D］．浙江大学硕士学位论文，2014.

［7］王一博．关于私营企业环境保护法律问题探究［J］．商，2013（3）：156.

［8］李娜．略论化工企业环境保护存在的问题及治理对策［J］．化工管理，2017（25）：108 – 109.

［9］康佳. 化工企业环境保护存在的问题分析及对策研究［J］. 化工管理，2016（35）.

［10］叶和平，邓先锋，刘利娜. 化工企业搬迁过程中环境保护问题研究［C］. 武汉市学术年会，2010.

［11］张福清. 化工生产中环境保护问题研究［J］. 化工管理，2014（20）：279.

"科技＋服务链"助推甘肃农村经济绿色协调发展

何　静

（兰州理工大学法学院，甘肃兰州，730050）

摘　要：解决科技与经济"两张皮"问题，推动科技创新成果转化为直接生产力，促进科技、经济与环境协调发展，一直是我国的一个重要议题。就甘肃省而言，目前也迫切需要寻求有效的路径以促进科技成果转化应用，从多个方面提高效率，实现绿色发展要素联动，优化绿色发展空间，统筹绿色生态保护，促进绿色协调发展。笔者通过调研切实找到了绿色科技创新成果应用于甘肃经济发展的措施，这些措施可以实现资源利用最优化和生态保护最大化，践行绿水青山就是金山银山的理念，更好地促进甘肃省的绿色协调发展。

关键词：科技成果转移转化；要素联动；绿色协调发展

协调发展、绿色发展是五大发展新理念的重要内容，是指导我国区域发展的新思路与新方法。甘肃省的农村经济发展一直紧跟国家政策，要将甘肃省建成生态文明、农村经济高速协调发展的省份，必须要在农村经济绿色协调发展方面做出努力。目前，甘肃省研究探索了经济发展、绿色生态文明、科技创新及其成果转化方面的理论和实践，但探讨农村经济绿色协调发展的成果很少。本文立足甘肃省较为成熟的农业科技成果技术研究，探索农业科技成果转化应用、服务并推动甘肃省农村经济绿色协调发展的途径，为绿色协调发展甘肃省农村经济提供一些理论与实践参考。

作者简介：何静（1996—），女，甘肃金昌人，兰州理工大学法学院硕士研究生，研究方向为自然资源与环境保护法。

1 甘肃省绿色协调发展的内涵及与科技创新的联系

探究甘肃省农村经济绿色协调发展路径，我们必须先清楚协调发展与绿色发展、科技成果转移转化服务与前两者的内在关联，阐明甘肃省经济绿色协调发展的基本概念及其构成要素，这对明确甘肃省走"科技＋服务链"助推农村经济绿色协调发展之路有重大现实意义。

1.1 甘肃省绿色协调发展的基本内涵

协调发展与绿色发展紧密相关。一方面，协调发展是绿色发展的内在要求，绿色发展蕴含了"平衡、协调、可持续"的价值理念，而且绿色发展追求的目标是人与自然的和谐相处，绿色发展必须是均衡的发展，强调形成资源环境生态相协调的发展新格局。另一方面，绿色发展是协调发展的重要组成，协调发展的重要组成部分包括经济社会发展和资源环境生态的协调发展。绿色发展的重大意义就在于增强发展的协调性，缓解地区经济社会发展与资源环境生态之间的现实矛盾。因此，在甘肃省农村经济发展的过程中，绿色发展和协调发展理念是统一不可分的，必须将二者融合，形成绿色协调发展思维。习近平新时代生态文明建设思想要求坚定不移地贯彻创新、协调、绿色、开放、共享的发展理念，建成富强民主文明和谐美丽的社会主义现代化强国，认为绿水青山就是金山银山，而目前甘肃省的农村经济发展离这个目标还有一定的差距。在此背景下，必须探索出一条符合甘肃省农村经济绿色协调发展的可行之路。

1.2 科技创新及服务与绿色协调发展的内在联系

科技创新是绿色协调发展的驱动力。在谈及如何实现绿色发展时，福建师范大学教授李闽榕表示，20 世纪 80 年代以来，以数字、网络、信息、生物技术、智能制造等为代表的新一轮科技创新，为推动绿色协调发展提供了有力的技术支持和根本保证。绿色协调发展作为一种科技含量高、资源消耗低、环境污染少的发展方式，无论是用生态安全的绿色产品拉动内需，还是用循环经济构筑区域经济结构，抑或是用低耗环保的行为构建新的生活模式，依靠传统的生产生活知识和技术都无法实现，只有通过科技创新才能真正实现。中国社会科学院哲学研究所教授肖显静认为，科技创新是绿色协调发展的必由之路。通过科技创新大幅提高能源与资源利用效率，减少单位产品的资源消耗，走集约式经济发展之路，才能实现可持续发展。科技创新日益成为促进经济增长与环境保护的双重动力。她还指出，增强科技创新能力，落实绿色发展理念，要有选择、有目的、有重点地进行，将二者更密切地结合起来。科技创新成果只有转移转化并服务到农村经济绿色协调发展中去，才能实现其价值，转移转化并服务的这个过程是必不可少的。

科技创新成果的应用，可以在短时间内实现甘肃省农村经济的跨越式发展。将科技成果尤其是农业科技成果很好地转化应用，并服务于甘肃省的农村经济建设，可以帮助甘肃省走一条高产、优质、高效、低成本的农村经济绿色协调发展之路。

2 甘肃省农业科技创新成果服务农村 经济绿色协调发展的实践成果

科技创新是绿色协调发展的驱动力，但要想让科技成果服务于经济绿色协调发展，那么科技成果转移转化是其必不可少的环节。科技成果转移转化应用和实践后才能大规模地投入使用，科技创新才能更好地为经济的绿色协调发展服务。换言之，促进科技成果的转移转化，实际上就是科技创新服务于经济绿色协调发展的实践过程。目前甘肃省在农业科技成果转移转化应用方面的诸多实践取得了优异成果，但也有许多不足之处，需要继续探索与努力。

2.1 甘肃省有关科技成果服务经济绿色协调发展的重要政策

据不完全统计，从 2015 年 1 月到 2018 年 11 月底，甘肃省出台的有关科技成果转移转化的政策法规文件有 67 部。其中，专门规定促进科技成果转化的地方性法规与规范性文件有 16 个（见表 1），其他相关规定有 51 个。

从甘肃省的现有政策来看，甘肃省紧跟国家步伐，在科技成果转化应用方面做出了相当大的努力，例如支持科技创新、改革落实以增加知识价值为导向的分配政策、建立科技成果转化应用机制等。

表 1　2015～2018 年甘肃省科技成果转移转化的政策法规

序号	发布时间	地方性法规、规范性文件名称	制定机关
1	2016 年 1 月 26 日	关于事业单位工作人员离岗创业有关问题的通知	省委组织部、省人社厅
2	2016 年 4 月 1 日	甘肃省促进科技成果转化条例（地方性法规）	省人大常委会
3	2016 年 9 月 28 日	甘肃省促进科技成果转移转化行动方案	省政府
4	2016 年 10 月 1 日	甘肃省支持科技创新若干措施	省委办、省政府办
5	2016 年 12 月 29 日	甘肃省技术经纪人行业服务管理办法	省科技厅
6	2016 年 12 月 29 日	甘肃省技术转移示范机构管理办法	省科技厅
7	2017 年 4 月 26 日	关于深化高校科技创新体制机制改革促进科技成果转移转化的实施意见	省教育厅、省科技厅
8	2017 年 6 月 14 日	甘肃省科技创新股权激励暂行办法	省工信委、省财政厅等
9	2017 年 9 月 28 日	甘肃省技术市场条例（地方性法规）	省人大常委会
10	2017 年 11 月 6 日	关于做好支持创新相关改革举措推广落实工作的通知	省政府办
11	2017 年 12 月 11 日	甘肃省科技厅中科院兰州分院建立成果转移转化协调机制方案	省科技厅、中科院兰分院
12	2018 年 4 月 8 日	关于培育建设省级科技成果转移转化示范区的通知	省科技厅
13	2018 年 4 月 12 日	关于鼓励支持专业技术人才创新创业若干措施	省人社厅、省财政厅
14	2018 年 7 月 25 日	关于印发加快技术转移体系建设实施意见的通知	省科技厅
15	2018 年 10 月 9 日	关于落实以增加知识价值为导向分配政策的实施意见	省委办、省政府办
16	2018 年 10 月 30 日	关于建立科技成果转移转化直通机制的实施意见	省委办、省政府办

2.2　甘肃省科技成果服务于农村经济绿色协调发展的典型实践及成果

2.2.1　兰州交通大学绿色生物农药的投产使用

现在市场上的大多数农药都有很多残留物，已经严重危害人类、动植物甚至整个生态平衡，而且还污染了土地、水资源等，阻碍了农村经济的绿色协调发展。兰州交通大学沈彤科研团队于 2005 年开始绿色生物农药的研发，他们将中药材作为研究的基础原料，从中药材中提取了可以杀虫、杀菌的有效成分，经过大量的研究，制作出了一系列新型的生物农药产品。这一系列的生物农药产品不仅能促进农作物生长，而且易降解、无残留，真正做到了保护土地和水资源，达到了绿色标准。经过专家鉴定，产品的应用效果已达到国际一线化学农药水平。这项实验室里的成果，经过公司的转化正式走入市场，成为了现在市场畅销的"5% 香芹酚水剂系列生物农药产品"，在绿色发展的基础上创造了巨大的经济效益。

2.2.2 兰州大学苦水玫瑰产品专利运营模式

苦水玫瑰是钝齿蔷薇和中国传统玫瑰的自然杂交种，中国四大玫瑰品系之一，世界上稀有的高原富硒玫瑰品种，而且苦水玫瑰的食用、使用和药用价值都很高，但此前苦水玫瑰产品开发有限、同质化严重、附加值不高，导致苦水玫瑰原料过剩、价格大起大落，挫伤了农户的种植积极性，直接威胁甘肃省苦水玫瑰产业健康、稳定和可持续发展。2015年，兰州大学生物医药知识产权研究中心（以下简称"研究中心"）与甘肃东方天润玫瑰科技发展有限公司（以下简称"东方天润"）合作成立天润玫瑰研究院，校企联合创新研发。兰州大学生物医药知识产权研究中心创造出特色的生物医药产业创新产品群，并通过专利保护、专利布局和专利运营，破除现有知识产权限制，形成新产品核心技术和知识产权，保护产品创新，保障企业的可持续发展。利用这个新模式，研究中心已研发玫瑰大健康产品39种，申请发明专利39件，其中授权发明专利25件。目前，东方天润的苦水玫瑰年生产玫瑰精油50千克、玫瑰纯露500吨、玫瑰酱及玫瑰提取物等产品100余吨，年产值4000万元。同时研发出"百玫生"系列化妆品等较高档次产品。产品畅销北京、上海等一线城市，部分产品出口到澳大利亚、法国、美国等国家。市场需求大了，农民种植苦水玫瑰的积极性也提高了。目前，永登县玫瑰种植面积近10万亩，年产量2300多万千克，年产值达6.6亿元。

甘肃省还有许多这样的成功案例，不仅在维持生态平衡、绿色协调发展的基础上保护了水、土地等资源，而且以更小的成本创造了更大的经济利益，说明走农村经济绿色协调发展之路实现跨越式发展，离不开农业科技的研发和转移转化应用。

3 甘肃省科技成果服务农村经济绿色协调发展的方式

3.1 加速农业技术研发应用与发挥高校企业的联动作用

科学技术是第一生产力，我国自古以来就是一个农业大国，赖以生存的基础是农业。为了满足人们发展的需求，农业需要不断地前进和发展，而在这个过程中，更离不开科学技术的发展，必须推进新的农业科技革命，实现农村经济的跨越式发展。农村经济的发展，离不开农业科技的进步与创新。目前，新的世界性农业科技革命正在兴起，世界各国在加速发展农村经济的过程中，采取了一系列诸如增加投入、改革体制以及组织重大科学行动等措施，鼓励农业科技的进步和创新。我国新阶段的农业对科学技术产生了更大的需求。就甘肃省而言，随着人口的增加、生活水平的提高以及城镇化水平的明显提升，对农村经济有了更高的要求。而水资源、土地资源是有限的，在这样的情况下要保证甘肃省农产品的供需平衡，必然需要让科技创新成果服务于农村经济，从而大幅度提高土地生产率。目前甘肃省虽然有许多农村经济发展的科学技术成果，并且在应用服务方面取得了一些优异成绩，但这样的成果是远远不够的。

首先，我们应该注重科技创新对甘肃省农村经济的推动作用，采用诸如奖励、增加投入支持、组织研究会等方式，鼓励农业科技创新，使其加速发展；并且在后期通过制度、试验、试点、小范围渗透到大范围推广的方式充分将研发的科技成果应用于农村经济的发展，促进农村经济绿色协调发展。其次，要充分利用高校和企业的优势，促进农业科技创新及应用。高校有得天独厚的研究资本，如众多的研究人才、齐全的设备以及专门的研究平台。与此相对应的企业，则有大量需求，这种需求不仅限于对科技创新的需求，而且还有对产品和市场的需求。所以，将高校和农产品企业以及相关企业联合起来，形成企业投资、高校研发、农民投产的产业链方式，可以让科技创新成果更好地服务于农村经济。在这样的联动模式下，高校有了研发资金和动力，企业有了产品和市场，农民有了技术，提高了生产力，降低了成本，且农产品有了销售渠道，有利于向产业化、集成化发展，可以在更大程度上综合利用资源，推动甘肃省农村经济绿色协调发展。

3.2 综合应用创新技术，促进农村经济集成化、产业化、规模化发展

目前甘肃省农村经济发展正处于由传统的农村经济模式向新兴的农村经济模式转变的转型期。在这一转变和革新的过程中，离不开技术创新，也离不开市场创新。我们应该充分应用创新技术，利用新兴的科技手段，以传统农业为基础，通过相关性产业或者支持性产业形成新的利润来源，促使农村经济向集成化方向发展。

在我国古代，一家一户的小农经济占据主导地位，但是在日新月异的 21 世

纪，分散经营已经不利于农村经济的发展：一是分散经营成本高，效率低。一项科技成果从研发到投入使用，势必会耗费大量的人力物力，而在经营过程中，对于非公益性的科技成果，农民要么没有意识或没有资金去购买，要么就是购买成本过高。且在购买之后还要研究学习和应用，农业经营者各自学习所消耗的时间成本、金钱成本以及技术人员所消耗的时间成本都过多，导致科技成果服务于农村经济的成本高、效率低。二是分散经营不利于综合化管理和服务。农村经济一家一户的经营模式给农作物的种植、经营、收获和出售等各阶段都带来了不便之处。其不仅是成本高、效率低的问题，也因为这种分散经营模式可能使农产品的质量、价格和流入市场的渠道有差异，极大挫伤农业经营者的积极性，阻碍农村经济的发展。

鉴于此种情况，甘肃省农村经济应该以产业化、规模化的方式发展：一是在当地政府和企业的支持下联合农业经营者，使科技创新的成果更好地服务于农村经济，让农民以最低的成本获取最优的技术，解决成本高、效率低的问题。二是政府招商引资，引进先进的农村经济生产企业，用先进的生产方式、管理方式和服务方式以及政府的经济政策措施帮助农业经营者，促进农村经济优化升级，获得新的活力和竞争力。三是发展农村经济的延伸产业，促进农产品的深加工。例如，兰州大学的苦水玫瑰研究项目，研究出了多种与苦水玫瑰相关的产品。我们应该运用农业科技成果将特色农业做大做精，增加农产品的附加值，运用科技创新手段推动农村经济的发展，同时在农村经济发展的过程中同时鼓励科技成果创新。

3.3 加强农村经济品牌建设

一方水土养一方人，甘肃省也不例外，目前甘肃省加快了在农业方面的科技成果转化应用速度，但是，在这个过程中，并没有很好地注重农业品牌的建设。例如，兰州交通大学研制的生物农药转化投产后，当地的政府和农业经营者并没有注重品牌建设。品牌是一种无形的资产，品牌就是知名度，有了知名度就具有凝聚力和扩散力，建立特色农业品牌，形成独特的品牌效应，才能更好地推动农村经济的发展。所以，在将科学技术成果转化应用服务于农村经济发展时，要充分利用技术优势和当地优势，大力发展特色优质农业，注重品牌的建设。

3.4 发挥科技特派员的作用，提供科学技术和服务

良好的制度离不开良好的实施，更要完善执行，甘肃省农业科技创新成果服

务于农村经济发展的过程也是一样的。我们不仅要加速科技成果的研发，更重要的是能够充分将其转化应用，切实服务于甘肃省农村经济的绿色协调发展。

由于农业经营者受教育程度普遍偏低，所学农业专业知识有限，而农业科技创新成果专业性、技术性较强，且越先进的成果，其专业技术性越强，所以此时就需要中介来为这种技术的转化服务。从成本和专业性等因素综合考量，科技特派员的作用是十分重要和必要的。科技特派员掌握了专业的科学理论、技术和工作经验，有方法和管理能力，而且科技特派员十分清楚科技创新成果应如何应用，可以帮助农业经营者摆脱学习难、使用难的困境。在科技创新成果投产应用的过程中，应该充分发挥科技特派员的作用，按需跟进，切实保障科技创新成果的投产使用。科技特派员应该运用其能力，服务于科技成果的应用，指导农业生产经营者理解并使用农业科技创新成果，使农业科技创新成果更高效地落实、应用，更好地促进甘肃省农村经济的绿色协调发展。

3.5 做好信息服务工作

信息服务业是利用计算机和通信网络等现代科学技术对信息进行生产、收集、处理、加工、存储、传输、检索和利用，并以信息产品为社会提供服务的专门行业的综合体。农业科技不仅需要创新，而且需要应用到实处，才能发挥其最初的研究目的。目前甘肃省有关农村经济的科技创新成果离有效转化应用还有很大的差距，其中一个重要原因是信息服务制度尚不健全，甚至是缺乏。

信息服务在甘肃省的科技创新服务农村经济发展方面具有十分重要的作用。当一项农业科学技术研发出来时，只有通过信息服务将其情况向企业或农村经营者展示，他们才能知道新技术，才能去分析考量是否可以应用这项新技术，所以信息服务工作是非常重要的。要做好信息服务工作，首先，应建立一个中介服务机构去收集、处理与农村经济发展有关的科技创新成果及相关的信息，例如，兰州科技大市场在促进科技成果转移转化方面付出了许多努力和实践，取得了很多成果，他们利用高科技，在科技成果信息的收集、处理方面有自己的方式和特色，可以借鉴应用。甘肃省政府有关部门如农业部门应该成立一个类似这样的职能部门或者这样的中介服务机构，在农业科学技术创新成果信息的收集方面下功夫，做出成果。其次，需要一个平台去公开这些信息，公开必须彻底且有效，即能够让农业经营者了解科技成果及其带来的益处与长期价值。应该针对农业经营者进行宣传教育，鼓励他们重视并关注这个平台，确保公开的农业科技成果能够被他们第一时间获取，为农业科技成果后续的转化应用、促进甘肃省农村经济快速绿色协调发展奠定好信息基础。

参考文献

［1］黄娟，程丙．简论长江经济带建设绿色协调发展带［J］．特区实践与理论，2017（4）：63－66．

［2］毛清芳，何志远，孙美迪，等．甘肃省科技成果转化现状与对策研究报告［R］．2018．

［3］肖昊宸．科技创新引领绿色发展［N/OL］．http：//www. cssn. cn/bk/bk-pq_ qkyw/bkpd_ bjtj/201712/t20171215_ 3782231_ 1. shtml，2017－12－15．

［4］赵凌艺．教授走出去成果用起来——记兰州交通大学促进科研成果转化的探索之路［N］．甘肃日报，2017－01－22．

［5］高云翔．专利走向市场振兴陇原乡村［N/OL］．http：//www. cn12330. cn/cipnews/news_ content. aspx？newsId＝111926，2018－11－06．

［6］苦水玫瑰带活一方经济——探访永登玫瑰产业经济乡村综合发展模式［N/OL］．http//mini. eastday. com/a/171116093820451. html，2017－11－16．

［7］西非国家推广亚非杂交水稻新品种［J］．中国农业信息快讯，2001（6）．

［8］秦威，莫楠，胡冬娜．浅谈陶瓷色料企业的品牌建设［J］．佛山陶瓷，2010（1）：36－38．

第四篇　生态保护与高质量发展

习近平生态文明思想指导下的雄安
新区建设：目标、路径与创新

景　辉　吴守蓉

（北京林业大学马克思主义学院，北京，100083）

摘　要：建设雄安新区是党中央作出的重大历史性战略选择，是千年大计、国家大事，习近平总书记亲自参与谋划。习近平生态文明思想为雄安新区生态文明建设指引了方向，本文从雄安新区建设生态城市的目标出发，通过完善生态环境制度政策、营造"千年秀林"、修复治理白洋淀等措施，阐述习近平生态文明思想的指导作用与实践意义；通过总结归纳雄安新区生态文明建设过程中呈现的特点，挖掘其创新性。

关键词：习近平生态文明思想；生态文明建设；雄安新区

2017 年 4 月 1 日，党中央决定在河北省雄县、容城、安新三个县城及其周边区域规划建立雄安新区，这项举措也被誉为"千年大计、国家大事"。政府先后批复的《河北雄安新区规划纲要》（以下简称《规划纲要》）、《河北雄安新区总体规划（2018—2035 年)》（以下简称《总体规划》）等文件共同描绘了雄安新区的发展蓝图，同时也都强调了生态文明建设在雄安新区的重要地位。本文将从雄安新区生态文明建设目标出发，深入剖析在习近平生态文明思想指导下采取的

作者简介：景辉，北京林业大学马克思主义学院马克思主义中国化硕士研究生；吴守蓉，博士，北京林业大学马克思主义学院教授，硕士研究生导师，主要从事中国特色社会主义理论与实践、习近平生态文明思想、生态文明建设、绿色行政与生态环境政策等方面研究。

基金项目：北京高校中国特色社会主义理论研究协同创新中心（中央财经大学）重点项目"供给侧结构性改革视域下京津冀资源型城市经济转型路径探究"（项目编号：XTZD002）；北京林业大学科技创新计划马克思主义理论基本问题研究项目"习近平生态文明思想建构与实践指导研究"（项目编号：2019MJ02)。

生态文明建设路径，体现雄安新区建设在习近平生态文明思想指导下的理论与实践创新性。

1 以打造环境优美的生态城市为目标 建设雄安新区生态文明

雄安新区自谋划之初就被赋予了"世界眼光、国际标准、中国特色、高点定位"的历史意义，党的十九大报告也提出"高起点规划、高标准建设雄安新区"。习近平总书记曾对雄安新区建设提出"打造优美生态环境，构建蓝绿交织、清新明亮、水城共融的生态城市"的重要指示，为雄安新区生态文明建设划定了远大目标。同时，雄安新区地处太行山东麓、海河水系大清河流域腹地，九水汇集，坐拥华北明珠白洋淀，具有明显的生态优势。优良的地缘优势为形成"一淀、三带、九片、多廊"的生态空间结构提供了良好的条件。

雄安新区作为"未来之城"，有关其建设的每一项举措都非常重要，在规划时必须统筹全局，严格把握方向，习近平总书记强调"把每一寸土地都规划得清清楚楚后再开工建设，不要留历史遗憾"，凸显了前期规划对雄安新区建设的重大意义。在习近平生态文明思想的指导下，中共河北省委、河北省人民政府编制了《河北雄安新区规划纲要》，具体指导新区建设。

为打造优美的自然生态环境，《规划纲要》立足雄安新区的生态高起点，从生态建设、污染治理、生态修复和保护等方面制定了生态文明建设的工作目标。

第一，开展大面积植树造林与城区绿化，增加新区蓝绿空间占比。进行大规模植树造林，营造"千年秀林"，将森林覆盖率提升至40%；在城区塑造高品质生态环境，起步区人均城市公园面积达到20平方米以上，让居民出门步行300米即可进入公园，1千米进林带，3千米进森林，实现街道100%林荫化，城区绿化覆盖率达到50%；建设海绵城市，通过提升雨洪调蓄功能等，规划城市建设区雨水年径流总量控制率不低于85%，最终实现雄安新区蓝绿空间占比达70%以上。

第二，进行污染治理工作，为雄安新区人民创造清新明亮的生态空间。以"控源—截污—治河"模式整体治理水环境，确保入淀河流水质达标；建设污水处理系统，保障新区污水收集处理率和污水资源化再生利用率均不低于99%；

改善大气质量，严控一切污染源，实行国内最严格的机动车排放标准，实现新区散煤"清零"，使大气环境得到根本改善；建设垃圾处理系统，实现原生垃圾零填埋，生活垃圾全部无害化处理，回收利用率在45%以上。

第三，以白洋淀为主线开展生态修复和保护，真正实现"水城共融"。实施引黄入冀补淀工程，将淀区面积恢复至360平方千米左右，正常水位保持在6.5~7.0米；科学有序实施生态清淤，提升淀泊水环境质量，恢复白洋淀水质到Ⅲ~Ⅳ类；利用自然本底优势，结合生态清淤，修复白洋淀总体生态环境，优化生态系统结构。

2035年，雄安新区将成为名副其实的"生态之城"。雄安新区规划展现出高度的前瞻性与引领性，通过精细详尽的顶层设计，尽管两年来几乎没有动一砖一瓦，却已清晰地呈现出建成后的发展远景。雄安新区高水平的生态文明建设规划为达到建成生态城市的生态目标提供了理论路径，也体现了我国国土空间格局优化的总体要求，向世界展示了生态保护与城市建设相结合的"中国智慧"。

2　雄安新区生态文明建设的创新路径

习近平总书记曾先后两次前往雄安新区进行考察，在考察过程中他不断强调生态文明建设的必要性与重要性，对建设生态城市提出了要求与任务，亲自指导雄安新区生态文明建设工作。雄安新区坚持"先植绿、后建城"的生态优先建设新理念，自规划成立两年以来，城市建设还未动土开工，生态建设却已如火如荼，取得了可观的成果。

2.1　高标准建设雄安新区，依靠生态环境体现雄安新区价值

在经济发展新常态的大逻辑下，新时代的中国正由高速发展向高质量发展转变，雄安新区正是引领这次转向的典范。雄安新区是一座面向未来、引领创新的城市，对带动周边地区发展、促进京津冀一体化也具有重要的作用，而其生态文明不仅关乎新区建设的成败，同样也对京津冀乃至全国的生态安全有重要影响。习近平总书记指出，雄安新区要靠生态环境来体现价值、增加吸引力，这决定了雄安新区的生态文明建设必须严格按照高标准要求、高质量实施的原则进行，要科学布局高科技产业，统筹生产、生活、生态三大空间，建成饱含文化气息与创

新风貌的社会主义现代化城市。

围绕雄安新区在我国新时代发展中的重要地位，紧扣绿色发展理念，党中央和地方政府为其建设划定了极高的质量标准。一方面，《规划纲要》要求雄安新区建设在尊重自然规律的同时，要注意保留中华文化基因，将地域文化融入绿色生态宜居新城建设，形成具有地域气息的生态文化，树立生态之城的文明形象；另一方面，要求高起点布局高端高新产业，通过完善产业布局推进生态文明建设。此外，《规划纲要》划定了以白洋淀核心区为主的生态保护红线，以资源环境承载能力为刚性约束条件，对白洋淀湖泊湿地、林地以及其他生态空间实施保护，确保新区生态系统完整。《规划纲要》还提出在承接非首都功能转移的同时推行负面清单制度，关停、严禁新建高污染、高耗能企业和项目，转向利用高新技术实现绿色发展；推广雄安新区规划、设计、建设、运营全过程的绿色化等。《总体规划》要求逐步建立包含各领域和全过程的雄安标准体系，创造"雄安质量"。众多规划文件无一不体现出高质量、高标准、高水平建设雄安新区生态文明的重要原则，为日后的建设实践提供了指导与保障。

"高起点规划，高标准建设"的雄安新区将成为社会主义现代化城市建设的典范，推进北京非首都功能转移与京津冀协同发展。在习近平生态文明思想的指导下，其鲜明的生态特色也将成为新时代引领其他城市生态文明建设的高质量样板。

2.2　用完善的制度体系保障生态文明建设

习近平总书记十分重视制度建设对生态文明的保障作用，他强调："只有实行最严格的制度、最严密的法治，才能为生态文明建设提供可靠保障。"雄安新区在建设过程中十分重视完善生态制度体系，做出了多项举措，为生态文明建设提供了保障。

（1）成立生态环境局，专门负责生态环境制度建设。雄安新区生态环境局于2018年5月16日挂牌成立，是自生态环境部组建以来全国首个地方生态环境局，主要负责建立健全生态环境基本制度、重大环境问题的统筹协调和监督管理、组织督促雄安新区污染减排目标的落实、从源头预防控制环境污染、环境污染防治的监督管理、雄安新区辐射安全的监督管理、雄安新区环境监测和信息发布、推进生态环境科技发展等职责。

（2）划定生态红线保障生态安全。习近平总书记强调，在生态环境保护问题上，就是不能越雷池一步，必须牢固树立生态红线的观念。生态红线是生态安全的底线，牢守生态红线就是保护生态安全、保护人民生产生活不受侵害。在雄安新区划定并牢守生态红线，设定资源消耗上限、环境质量底线等指标，并非限制经济社会发展，而是通过制度保障将各类开发活动限制在资源环境承载能力之内，把握住由量变转向质变的节点，最大限度地实现经济发展与生态建设的双赢。

（3）推出多项制度条例，推进生态治理与保护。雄安新区生态环境局依据《总体规划》编制了《白洋淀生态环境保护规划》，科学划定生态保护红线，利用区域差别化环境准入政策防治污染，在生态保护与水源涵养区，全面禁止、限制有损生态系统功能的产业落地；在白洋淀东西两侧平原区，严禁新增水污染物排放总量的项目建设；在大清河流域山区，分区限制矿产、水资源开发，严控拦河筑坝等阻断自然径流的项目。此外，生态保护局还先后颁布实施了《河北省水污染防治条例》《河北雄安新区实行河湖长制工作方案》《生态环境损害赔偿制度改革实施方案》等政策措施，已经开通"12369"生态环境污染举报热线，制定了《环境污染举报奖励实施细则》。众多条例、方案的推行表明了雄安新区完善生态保护体系、健全生态保护的决心。

2.3 建设"千年大计"，始于"千年秀林"

习近平总书记指出，"千年大计"，就要从"千年秀林"开始，努力接续展开蓝绿交织、人与自然和谐相处的优美画卷。2017 年 11 月 13 日，第一棵树在大清河片林一区扎根，正式开启"千年秀林"建设。不同于一般的造林工程，雄安新区多次组织专题研讨会，邀请该领域尖端专家学者出谋划策，用最前沿的理论、最高端的技术、最精湛的工艺建好"千年秀林。"

（1）营造近自然森林。建设"千年秀林"是雄安新区先期启动的基础性重大项目之一，以近自然森林为主的森林体系，是未来雄安新区城市组团和版块之间的重要生态缓冲区。"千年秀林"采用原冠实生苗和自然随机散点式栽植，营造异龄、复层、混交的华北平原典型森林生态系统，坚持顺应自然、尊重规律的原则。2018 年，雄安新区围绕新区起步区和环白洋淀周边，已完成植树造林 10 万亩；预计未来雄安新区森林总面积将达 61 万亩，森林覆盖率增至 40%，起步区绿化覆盖率将达到 50%。大规模植树造林将大幅度改善雄安新区的生态环境质量。据雄安绿研智库初步测算，仅大清河片林一区造林项目，2019 年就可截留雨水 6.4 万吨，吸收大气污染物 318.9 吨，吸收二氧化碳 2858 吨，释放氧气 2077.7 吨。

（2）利用现代科技为"千年秀林"配备二维码身份证。"千年秀林"的营造过程采用了高科技、数字化的建设方式，同时结合创新栽植模式与方法，为每一株树配备了二维码"身份证"。借助大数据、区块链、云计算等高科技建立智能平台，首创数字化验收模式，从土地整理、放样点穴，到苗木起苗、运输、栽植、支护、浇水等，实现了验收数据溯源追查、验收情景再现。"千年秀林"从细节处体现出高标准、高质量的建设原则。

（3）以生态建设带动民生进步。建设"千年秀林"，不仅是雄安新区生态环境改良与保护的关键，也是一项重大民生工程。雄安新区践行以人民为中心的发展思想，积极吸收当地村民参与植树造林工作，使村民由农民转变为林业工人。同时，领导干部对贫困家庭开展了慰问，优先将贫困人员纳入用工名单。经过培训的农民由种植粮食作物转为进行植树工作，除享有国家津贴与工资外，还可按参与合作造林的土地面积获得土地收益金，农民收入水平得到了大幅度提高。

2.4 推进白洋淀生态修复，恢复"华北之肾"生态功能

白洋淀被称为"华北之肾"，是华北平原最大的淡水湖泊，具有灌溉蓄水、调洪滞沥、补充地下水、调节局部小气候、提供生物栖息地等多种生态功能。近年来，由于上游地区和本淀区的企业排放污水以及百姓生活污水排放而遭到严重污染，生态破坏严重，生态调节功能丧失殆尽。习近平总书记 2019 年 1 月前往雄安新区视察时指出，"当时选址在这，就是考虑要保护白洋淀，而非损害白洋淀。城与淀应该是相互辉映、相得益彰"。治理白洋淀是雄安新区生态文明建设的重要任务。

（1）全面部署白洋淀生态修复工作。雄安新区正式成立后，白洋淀环境综合整治工作也就势开启。2018 年 7 月，雄安新区生态环境局以加快推进白洋淀流域水环境综合整治、做好内外源污染源管控和治理、促进白洋淀生态修复为目的，颁布了 13 条具体措施，包含污水处理、建设生态功能湿地、开展污染源排查、排污整治、畜禽养殖整治、生活垃圾清理治理和厕所改造等多方面内容，全面、彻底地对各污染源进行把控。

（2）推出《白洋淀区域生态治理"红黑榜"》，赏优罚劣。生态环境局还联合多家媒体，在雄安宣传中心的指导下推出了《白洋淀区域生态治理"红黑榜"》，红榜可为相关部门单位提供有益的经验借鉴，同时震慑黑榜上的污染企业和相关责任人。在多项政策措施的支持下，白洋淀区 606 个有水纳污坑塘全部完成治理，强化了 133 家涉水企业监管，严格提高整改标准，停产整改不达标企

业。2018 年，共清理白洋淀围堤围埝及沟壕水产养殖 741 处，养殖面积 9.1 万亩；排查、整治河道、淀区两公里范围内入河入淀排污（排放）口 11395 个，取得了总磷、氨氮浓度同比分别下降 35.16%、45.45% 的明显成效。两年时间的修复与治理帮助三条流入白洋淀的河流摘去了"劣 5 类水质"的帽子，白洋淀的生态功能正在不断恢复。

（3）提升淀区居民生态文明意识与素质。高质量、高标准的生态保护工程也带动了淀区的民生发展，多家上市公司来白洋淀设立子公司，参与白洋淀周边环卫、污水处理等项目，为淀区居民提供了大量工作岗位。治理生态环境的同时，也增加了村民收入，村民们切身感受到生活环境逐渐改善带来的好处，主动参与环保宣传，提升了生态文明素质。

3 雄安新区生态文明建设的创新性

雄安新区自成立以来，已成功开展大量生态文明建设实践，并收获了可观的成果与成效，实现了良好的开局。在雄安新区建设中，由于指导思想、顶层设计和实施方案等诸多方面的不同，其展现出许多与我国以往的生态文明建设和国外发达国家生态文明建设不同的创新之处，鲜明的时代创新性是雄安新区生态文明建设工作的突出特征。

3.1 雄安新区生态文明建设的理论创新

（1）习近平生态文明思想的理论指导。在习近平生态文明思想的指导下，雄安新区对生态文明建设的重要性有了深刻的认识，摒弃粗放型不可持续的发展模式，辩证看待"绿水青山"与"金山银山"的关系，科学地划定了自身发展方向。习近平生态文明思想丰富的理论内涵为雄安新区建设提供了精准到位的理论与方法，使新区建设从起点规划开始便走上了具有中国特色的绿色发展科学道路，保证将雄安新区建成一座绿色生态宜居新城。雄安新区坚持生态优先、绿色发展，科学建设生态文明，展现出了习近平生态文明思想的整体性、前瞻性与长久性。

（2）党中央与地方政府精心的顶层设计。依托习近平生态文明思想的科学指示，雄安新区得到了党中央与地方政府精心的顶层设计。从建设目标到整体规划，均依照新时代中国特色社会主义建设总布局进行，以全国范围的大局视角考量新区建设。在习近平总书记的多次强调下，雄安新区设定了极其精细、详尽的建设规划，已精确到街道水平，确保"每一寸土地"都物尽其用，不辜负党中央倾注的心血。党中央与地方政府为此出台了多项规划、方案，自建设之初即开始为雄安新区生态文明建设清除障碍。在具体建设实践中，将白洋淀与城区看作一个整体，讲究"水城共融"，共同治理、共同保护，不忽视每一个细节可能对新区造成的影响，做到了既全面又细致。科学、严谨的顶层设计是雄安新区高起点规划的最好呼应。

3.2　雄安新区生态文明建设的实践创新

（1）完善政策制度。成立专管部门后，雄安新区生态文明建设工作获得了大量的政策支持，这些政策指明了工作重点，划定了工作标准，扫除了体制机制等各方面障碍，为生态文明建设铺平了道路。

（2）高新科技引领。雄安新区生态治理与保护工作采用领域内最前沿、尖端的科学技术，在管理层面也应用高端模式，在全方位保障生态文明建设的同时，引领新区科技创新，展现了我国的科技实力。

（3）严格标准要求。在《总体规划》要求下建立雄安标准，创造"雄安质量"，保证生态文明建设高质量进行，用实际行动捍卫雄安新区的高起点规划。

（4）成果惠及民生。已开展的多项生态治理与修复工作，在改善当地居民生活环境的同时，通过发放补贴、提供岗位等方式同步提升了群众的收入水平与生活质量。

3.3　雄安新区生态文明建设的价值意义

雄安新区在习近平生态文明思想的指导下开辟了一条极具中国特色的建设实践路径，是以习近平总书记为核心的党中央智慧的结晶，反映出中国共产党以人民为中心的价值取向和实践原则。在继承和发展马克思主义生态观的基础上，与发达国家生态建设经验在中国实践中融合，可以说，雄安新区生态文明建设展示出了独有的创新性与引领性，证明了习近平生态文明思想的重要指导价值，是习近平生态文明思想在指导雄安新区时最重要的创新，代表新时代中国特色社会主义建设又成功向前迈进了一大步，将为全国乃至全世界贡献生态文明建设的"中国方案"与优质样板。

参考文献

［1］中共中央文献研究室．习近平关于社会主义生态文明建设论述摘编［M］．北京：中央文献出版社，2017．

［2］王永昌．绿水青山何以就是金山银山——深入学习习近平同志大力推进生态文明建设的重要论述［N］．光明日报，2016 – 11 – 12．

［3］中共中央、国务院决定河北雄安新区设立［N］．人民日报，2017 – 04 – 02．

［4］葛全胜，董晓峰，毛其智．雄安新区：如何建成生态与创新之都［J］．地理研究，2018，37（5）：849 – 869．

［5］一项历史性工程——习近平总书记调研京津冀协同发展并主持召开座谈会纪实［N］．人民日报，2019 – 01 – 20．

［6］刘保奎．高质量建筑"未来之城"（新论）［N］．人民日报，2019 – 04 – 11．

［7］刘佳．生态优先 绿色发展 以高品质生态环境创造"雄安质量"［N］．中国环境报，2018 – 04 – 23．

［8］宋献中，胡珺．理论创新与实践引领：习近平生态文明思想研究［J］．暨南学报（哲学社会科学版），2018，40（1）：2 – 17．

［9］河北雄安新区科学划定白洋淀生态保护红线［EB/OL］．http：// www. xinhuanet. com/2018 – 07/08/c_ 1123094534. htm，2019 – 07 – 08．

［10］习近平在京津冀三省市考察并主持召开京津冀协同发展座谈会［EB/ OL］．http：//www. xinhuanet. com/politics/2019 – 01/18/c_ 1124011707. htm，2019 – 01 – 18．

［11］千年秀林，这样茁壮成长［EB/OL］．http：//hebei. hebnews. cn/2019 – 04/23/content_ 7388936. htm? utm_ source = UfqiNews，2019 – 04 – 23．

［12］刘俊国，赵丹丹，叶斌．雄安新区白洋淀生态属性辨析及生态修复保护探讨［J］．生态学报，2019（9）：1 – 6．

甘肃省生态文明建设面临的
挑战及对策研究

王　尧

（兰州理工大学，甘肃兰州，730050）

摘　要： 党的十八大报告中创造性地提出了"大力推进生态文明建设"的战略决策，绘制了我国生态文明建设的新战略构想；党的十九大报告中更是将"坚持人与自然和谐共生"的理念作为新时代坚持和发展中国特色社会主义的基本方略之一。甘肃省作为我国西部重要省份，生态环境极为脆弱，经济发展水平也相对落后。因此，深入推进生态文明建设与大力发展经济建设成为了甘肃省正在面临的双重任务。本文从实际出发，深入探讨甘肃省生态文明建设面临诸多挑战，并结合理论知识对如何解决该难题提出可行性的对策。

关键词： 甘肃省；生态文明建设；挑战；对策

1　甘肃省推进生态文明建设之必要性

1.1　生态文明建设自身的体系地位

党的十八大报告将"大力推进生态文明建设"纳入"五位一体"的总体布

作者简介：王尧（1996—），男，江苏省新沂市人，兰州理工大学法学院本科生，主要研究方向为自然资源与环境保护法、民商法，电子邮箱：wangyao199608@163.com。

局，用以回答"实现什么样的发展，怎样发展？"这一发展难题。由此可看出，生态文明建设作为"顶层设计"，对于处理经济发展与生态发展间的关系发挥了导向性作用。

为什么突出强调"把生态文明建设放在突出地位"呢？这是由其自身地位决定的。简而言之，人口、资源与环境、经济发展之间是相互作用、相互影响、相互制约的。而我国对物质资料的需求和消耗逐年增长，这就导致了资源的过度消耗和环境的破坏，继而危及人类的生存与发展。所以，为了维护人类的生存权、实现可持续发展，必须把生态文明建设放在突出地位，恰如习近平总书记所说的"生态兴则文明兴，生态衰则文明衰"。

具体而言，生态文明建设在"五位一体"总体布局中具有什么样的地位和意义呢？第一，生态文明建设为我国如何发展指明了新的方向，可以调节经济发展与环境保护之间的矛盾。第二，生态文明建设对引导政治体制改革发挥了促进作用。现存的政治体系并非完美无缺，或多或少地存在一些短板，这些短板依靠体制自身是无法摒除的，需要采取改革的方式来化解。而政治体制改革向来不是容易的事情，其阻力可想而知，但可以从生态环境建设方面入手，在取得成效后逐步对政治体制进行改革修补。第三，生态文明建设惠及民生。构建生态文明体系，顺应了民众日益增长的环境需求及对美好生活向往的愿景。

1.2 甘肃地区生态环境的特殊性

甘肃省的生态环境可以说是整个西北地区的典型代表。总体而言，甘肃省是我国重要的水源涵养地，也是维护我国生态安全的重要保障。但是，由于甘肃省深处我国内陆地区，其环境的自我修复能力较差，加之受气候、降水等自然因素和不当地开发利用自然资源等人力活动的影响，其生态环境状况不容乐观，甚至可以说是十分脆弱，集中表现为资源性缺水、土地荒漠化、盐碱化、草场退化、植被覆盖率低等。

1.2.1 严重的资源性缺水

甘肃省深处内陆，属严重缺水地区。其干旱、半干旱地区的面积占全省面积的57%。其降水量远低于全国平均水平，以2017年为例，甘肃省较往年降水颇丰，为451毫米，仍低于全国平均水平641毫米。更有甚者，河西走廊最西端年降水量仅为40毫米，不足全国平均降水量的1/16。由于气候干旱，降水严重不足，甘肃省的水资源匮乏，已形成资源性缺水。

1.2.2　土地沙化、荒漠化

甘肃省风沙线长达 1600 多千米，土地荒漠化、沙化十分严重，以河西走廊地区最为典型。沙漠广布，沙漠总面积占全省总土地面积的 6.7%。以民勤县为例，其东面的腾格里沙漠及北面的巴丹吉林沙漠正逐渐延伸，妄图吞没这片绿洲，如不采取措施，民勤县有可能成为第二个罗布泊。

1.2.3　植被覆盖率低，破坏严重

从全国整体看，甘肃省森林面积少、质量差，其中次生林占 63% 以上。全省的植被覆盖率仅为 23%，而且灌木林地和疏林地占有较大的比例。天然林的萎缩成为甘肃地区一大难题，相关资料显示，近 70 年来，属甘肃部分的子午岭林区林线后退 12 千米以上，祁连山等山脉的林线也有较大的退缩，植被破坏相当严重。

1.2.4　水土流失严重

甘肃省是全国水土流失最为严重的省份之一。究其原因，主要有水力侵蚀、风力侵蚀、重力侵蚀等自然因素，亦不乏破坏森林、过度放牧、过度开垦等人为因素。据统计，甘肃省每年流失的泥沙占黄河流域总输沙量的 1/3。截至 2016 年底，甘肃省存在水土流失问题的地区达 21.14 万平方千米。

1.2.5　草场超载过牧、退化严重

作为我国五大牧区之一，甘肃省的草原植被得天独厚。但由于过度放牧等原因，草原退化已经非常严重。例如，甘南的植被覆盖率已由 20 年前的 90% 锐减至现在的 60%；玛曲草原沙化面积接近 4 万公顷，且在牧区可利用草场逐年缩减的同时，过度放牧的现象却并未有明显改善。

1.3　新时代绿色发展的需求

进入新时代，我们对发展有了新的要求，即坚持可持续、坚持绿色发展。这就需要我们每一个社会公众都应该把"绿水青山就是金山银山"的理念牢牢记在心中，尽快地向绿色发展的道路前进。只有大力发展绿色经济，才能有效突破环境资源对社会发展的制约，才能在长远发展的道路上占据有利位置，而不陷于过度被动。

生态文明建设与绿色发展息息相关，在某种意义上，前者是实现后者的重要途径。一方面，生态文明建设机制为绿色发展提供了发展的空间；另一方面，生态文明建设从制度上为绿色发展提供保障。而反过来，绿色发展又反作用于生态建设，具有促进作用。"绿色是大自然的底色"，绿色发展是一条灌注环保理念、

体现人与自然共生的和谐的发展之路，其与生态文明建设在"保护生态"这一理念上达成共识，共同致力于协调生态与发展的问题。此外，良好的生态环境本身就是巨大的财富，能为我们创造综合效益。

2　甘肃省生态文明建设过程中面临的挑战

2.1　工业文明与生态文明的利益冲突

自 1978 年我国实施改革开放以来，就有学者呼吁切不可以污染环境为代价来追求经济的发展，但由于当时我国经济发展的迫切需要，这种声音并未得到重视。于是，我国也重走了西方国家曾经走过的老路，即以过度的消耗资源为代价来片面地追求经济的快速发展。因此，这也就成了今日我国环境污染问题的根源所在。然而，由于我国的工业化进程过快，仅用了 30 余年就走完了老牌工业化国家 200 多年的路子，与此同时，老牌工业化国家在工业化过程中累积了 200 余年的环境污染问题在我国这 30 余年中集中体现，以至于我国的环境污染呈现出顽固性、复合性、多样态的特点。

从现实社会中看，相比东部沿海地区，甘肃省的工业化水平整体上尚处于从初期到中期的过渡时期，其工业化发展水平远远低于东部沿海地区，这主要表现在产业结构、发展层次、经济效益等多面。一言以蔽之，甘肃省的工业发展仍处于"高能耗、高污染、低质量、低效益"的工业转型时期。可以说，在甘肃地区，工业发展与生态建设的冲突尤为严重。具体而言，受其经济发展模式、产业结构等因素的束缚，在经济发展中，甘肃省单位产出所消耗的能源要远高于中部东部地区，相对应的，其排放污染物的强度也高于其他地区，甚至在甘肃省个别地区，其排污强度高于西部地区平均水平。此外，受特殊气候的影响，甘肃省生态自我修复能力不足，加之环境污染防控能力相对薄弱，经济发展与生态建设的矛盾并无好转。

从理论层面上看，中央提出"加快生态文明体制改革，建设美丽中国"，那么，这是否表明经济发展与生态建设在理论层面上也存在着博弈与冲突呢？显然不是。这二者的关系并非对立排斥关系，而是可以达到相互融合的，换言之，构建生态文明建设并非就排斥经济的发展，而是要摒除掉以牺牲生态环境为代价来片面追求经济发展的老路，排斥以往形成的"高能耗，低产出"的发展模式，抛弃"唯GDP"的发展观，取而代之的是走可持续发展、绿色发展的新型道路。

2.2 地方环境立法的弊端

2.2.1 地方环境立法的滞后性

法律总是服务于一定的社会需要，而法律不可能与社会需要同时出现，因此，这就决定了法律具有一定的滞后性。当然，环境立法也不例外，表现为出现了某些环境问题，针对这些环境问题，制定相关的法律来解决它。

以甘肃祁连山为例，其环境污染问题由来已久，但未引起足够重视。直到1997年，甘肃省才颁布《甘肃省祁连山国家级自然保护区管理条例》（以下简称《条例》），从立法层面上保护祁连山生态环境；至2014年，祁连山保护区传出了大规模的环境污染问题事件，该事件中还牵连多名管理人员，而直到2017年年底，才通过了《条例》的修正案。

2.2.2 行政主导地方立法

在我国，地方性法规作为广义法律的一种，对调整本辖区内的社会关系具有重要的作用。《中华人民共和国立法法》明确规定，地方性法规由地方人大及其常委会制定，而在社会实践中，不少地方存在行政权影响立法权的情形，有些地方甚至出现行政主导地方立法的情形。仍以《条例》为例，其历经三次修订，每一次修订政府都对其产生举足轻重的作用，这主要体现在对其中条文的修改建议上。相反地，拥有地方立法权的人大及其常委会在行政权力面前却显得式微，未能十分充分地对法规的修改表达自己的意见。

2.2.3 地方环境立法缺乏特色，针对性不足

通过查阅相关的环境立法文本，可以看出，全国范围内普遍存在环境立法大规模"相互借鉴"的痕迹。这就使得环境立法存在较多的"共性"，而缺乏"个性"，简言之，我国的地方环境立法缺乏地方特色，法规内容存在僵化的弊端，针对本地区的环境问题，如隔靴搔痒，不能一针见血地对症下药，甘肃省亦然。而这个问题我们不能不重视。比如，1994年颁布的《甘肃省环境保护条例》，有学者指出其缺乏创新性，是对《环境保护法》的"模仿"，其基本框架基本相同，其中内容也大同小异。

2.3 甘肃地区生态环境脆弱敏感，承载能力有限

众所周知，甘肃省有着特殊的地理特征。具体来说，地域广阔，面积达

42.58 万平方千米；地形呈狭长状，地势自东南向西北延伸；地貌复杂多样，据悉，甘肃省囊括了除海洋之外的所有地貌；气候类型多样。

甘肃省独特的地形、地貌、气候等因素也造就了甘肃省复杂、脆弱、敏感的生态环境。这集中表现在相对于其他地区，甘肃省的生态环境更易遭到破坏，且遭到破坏后恢复的难度极大，生态环境的自我修复能力较弱，需要花费大量的人力物力去治理。近年来，甘肃省频发的气象灾害、水土流失、矿山污染、土地沙化荒漠化、植被锐减等生态问题就是其生态环境脆弱性、敏感性的具体体现。

3　对策研究

3.1　提高生态文明理念，完善公众参与生态文明建设的机制

生态环境问题是一个社会问题，跟每一个社会成员都息息相关。从本质上讲，生态文明建设可以说是一项关乎社会各阶层对美好生活向往和对良好的生态环境的追求的公共事业。既然是一项公共事业，这就表明仅仅通过政府的努力是远远不够的，还需要社会的多元参与，尤其是社会公众的广泛参与，共同为建设美好生态自觉行动，正如《中国 21 世纪议程》中所强调的："实现可持续发展目标，必须依靠公众及社会团体的支持与参与"。

具体而言，第一，政府环保部门，以及其他相关部门要做好宣传工作，通过开设座谈会、播放环保公益广告、派专职人员深入基层进行宣传等方式强化公众的环保理念，通过讲述生动真实的案例使公众意识到环境与个人的密切联系；第二，要保障社会公众获取环境信息的可能性，即保障公众的知情权，这就要求政府做好信息公开的工作，及时发布有关信息，此外，相关可能污染环境的企业也要自觉地公开环境信息，以方便公众的监督；第三，可适当建立奖惩机制，例如公众通过举报超标排污企业获得补偿，而对有过错的企业采取罚款、责令整改、承担污染修复责任等方式进行惩罚，使公众真正参与其中，需要注意的是，在此过程中要做好保密工作；第四，明确企业的社会生态责任，通过公众监督等方式从源头上减少污染物的排放，遵循"谁污染谁治理"的原则，贯彻企业环境责任制。

3.2 发展循环经济

"循环经济"一词早在 20 世纪 60 年代就被提出，指"资源循环型经济"，即以资源节约和循环利用为特征、与环境和谐的经济发展模式。这是一种符合时代需求的发展方式，甘肃省大力发展循环经济是有政策支持的，在 2009 年国务院就正式批复了《甘肃省循环经济总体规划》，实现了循环经济由理论到实践的重大突破。

那么具体而言，甘肃省发展循环经济的具体途径有哪些呢？可以划区域具体执行，首先在各企业内部进行小循环，从微观的视角细化地具体执行资源的循环利用，如在企业内部实行对水资源的循环利用，最大限度发挥资源的利用价值。其次在某一区域内实行中循环，在该区域内各企业之间建立起横向纵向的交流机制，重点在于解决废物的交换和资源的整合利用，从而做到用较少的资源换取较高的产能，且排放较少的污染。最后在甘肃省区域内实行大循环，统筹工业发展与环境保护的协调关系，做好城乡发展规划等，从宏观的角度调节循环经济的运行。

3.3 促进产业转型升级

产业转型升级，是指向更有利于经济、社会的方向发展。有些人将产业升级简单地理解为摒弃传统企业、大力发展新兴企业，其实这种观点有些偏激，当然，有些地方就采取这样的"转型方式"，这就造成了人为改变产业结构，致使新兴产业没得到充分发展，原有的企业也遭到了破坏。对"产业转型升级"的正确理解应该是兼顾同一产业内部升级和产业之间的比例协调。

对于甘肃省而言，第一，要稳住发展的态势，保证本省经济状况较上一年度稳步增长，这是转型的前提。第二，要优化产业结构，偏向发展本地特色产业和清洁产业，如发展旅游业和服务业，适当关闭一些不规范的采矿业企业等高污企业。第三，要拓宽发展的空间，寻求新的发展点，如引进新设备，利用本省的风能和太阳能，发展新型能源。

3.4 开发利用新型能源

早在 1980 年，联合国"新能源和可再生能源会议"就对新型能源下了定义，简而言之，就是以风能、原子能、光能为代表的，可再生的、取之不尽用之不竭的资源，代替传统的化石能源。

甘肃省在能源使用方面很有代表性。一方面，甘肃省冬季取暖等消耗大量的化石能源，产生了较大的空气污染；另一方面，甘肃省大力发展风能和太阳能等新型清洁能源，是国家重要的新能源基地。甘肃省的光伏产业发展迅速，其发电量居全国第一。不过，甘肃省的风电和光伏发电在迅速发展的同时也遇到了新能源消纳的瓶颈问题，出现了弃风弃电的现象。要有针对性地解决这些问题，首先，应结构性地减少使用化石能源，尽量用清洁能源代替。其次，针对新能源消纳能力不足的问题，甘肃省已采取就地消费和向外推送的措施，并初显成果。除此之外，还可以开展大用户直购电交易，鼓励跨区域售电等，通过多种方式解决该问题。

3.5　抓住"一带一路"带来的区域合作契机

2013 年，我国提出"一带一路"倡议构想，为密切联系我国与沿线国家的经济、整治、生态等多方合作伙伴关系，实现互利共赢提供了契机。其中，丝绸之路经济带的路线穿越甘肃省，给其经济、文化以及生态发展等都带来了不可多得的机遇。而作为受益地区的甘肃省也应紧抓"一带一路"为本省生态文明建设带来的难得的机会，坚持走可持续发展之路。

3.5.1　"一带一路"倡议为甘肃省生态建设提供了资金支持

为了更好地推动"一带一路"的实施，我国创建或加入了亚投行、金砖银行等国际性融资组织，为一带一路的实施灌输了能量。而这些资金中有很重要的一笔就是用来发展"绿色产业"的。甘肃省作为"一带一路"经济带的黄金带，要利用资金支持的优势，积极推进本地区的经济转型，改善生态环境，加上生态文明建设。

3.5.2　"一带一路"为甘肃省生态文明建设提供政策支持

自党的十八大以来，我国加快了生态文明建设的步伐，把生态文明建设提到了一个新的高度，上至国家的顶层设计，下至地方政府的政策，都积极地将"生态文明建设"放到重点工作任务中。而这很大一部分是由"一带一路"推动的。此外，"一带一路"还沟通了甘肃与宁夏、新疆、陕西、青海五省（区）的区域合作关系，为共同构建生态文明建设提供了新的格局。

参考文献

[1] 吕忠梅. 论生态文明建设的综合决策法律机制［J］. 中国法学，2014（3）.

［2］王灿发．论生态文明建设法律保障体系的构建［J］.中国法学，2014（3）．

［3］吴明红．我国西部生态文明建设进展与面临的挑战［J］.学术交流，2018（7）．

［4］董怀军．西部地区生态文明建设的现实困境及路径思考［J］.改革与开放，2018（15）．

［5］刘海霞．机遇、挑战、对策："一带一路"背景下西北地区生态文明建设［J］.西北工业大学学报，2017（12）．

［6］吴明红．论生态危机根源及我国生态文明建设主要任务［J］.理论探讨，2017（3）．

［7］文正邦．生态文明建设的法哲学思考［J］.东方法学，2013（6）．

［8］王晶．甘肃新能源消纳现状及分析［J］.电力需求侧管理，2016（6）．

长深高速浙江建德至金华段生态
文明高速公路创建方案

翁　辉[1]　方勇刚[2]　王雅茹[2]　徐　健[2]

（1. 浙江临金高速公路有限公司，浙江杭州，310024；

2. 浙江省交通规划设计研究院有限公司，浙江杭州，310006）

摘　要： 为贯彻落实国家"生态文明"和交通运输行业"绿色公路"的发展战略，建设美丽浙江、创造美好生活，文章围绕交通运输部《关于实施绿色公路的指导意见》和浙江省交通厅创建"美丽公路"的具体要求，以具体项目为例，坚持全寿命周期统筹的基本思路，从景观营造、生态保护、污染控制、节能减排、集约节约、安全舒适以及全面推进标准化、立足创新推进钢结构和BIM技术应用等方面出发，提出打造生态文明高速公路的具体方案。

关键词： 生态文明；绿色公路；集约节约；节能减排；安全舒适；标准化

　　高速公路建设势必对沿线区域产生一定程度的生态破坏和环境污染，而高速公路建设在特定的自然、人文环境下，其影响将更为敏感和显著。为此，建设过程中必须也只有秉承生态文明理念，努力体现人与自然和谐共生原则，把对自然生态的破坏降到最低，寻求一个临界的平衡点，实现公路建设与生态环境相协调，才能综合体现项目的社会效益、环境效益和经济效益，推动区域持续健康发展。将高速公路打造成为生态文明示范公路既是国家生态文明战略、行业"四个

　　作者简介：翁辉（1973—），男，浙江象山人，正高级工程师，主要从事高速公路建设管理工作；方勇刚（1978—），男，湖北黄梅人，硕士，高级工程师，主要从事公路工程、隧道工程方面的设计、咨询和研究工作，电子邮箱：fangyg@qq.com；王雅茹（1975—），女，内蒙古赤峰人，硕士，教授级高级工程师，主要从事公路工程、造价方面的设计、咨询和研究工作；徐健（1979—），男，江苏启东人，硕士，正高级工程师，主要从事公路工程、桥梁工程的设计、咨询和研究工作。

交通"战略框架在浙江的切实落地，也是加强浙江中西部联系和旅游资源连动开发的现实要求。

1 综述

长深高速浙江建德至金华段工程是国家高速公路网的重要组成部分，北起杭新景高速公路杨村桥，沿线经过建德、兰溪、金东三个市（区），终点接杭金衢高速公路，与金丽温高速公路的二仙桥枢纽组成复合式枢纽，全长约 58 千米。

项目地处浙西中低山与浙中盆地交接地带，地形变化较大，地质条件复杂。工程所在区域生态环境敏感，沿线经村庄、学校、医院等，噪声、空气敏感点多，经过的河道多，并经多处饮用水源保护区，除此之外，项目还经过新安江—富春江—千岛湖国家风景名胜区和双龙国家风景名胜区等生态敏感区域，很多路段处于风景区外围保护带范围内，隧道洞口开挖及大型桥梁的建设将对周围以自然风光为主的景观环境造成一定的影响。

为贯彻落实国家"生态文明"和交通运输行业"绿色公路"的发展战略，建设美丽浙江、创造美好生活，项目围绕交通运输部《关于实施绿色公路的指导意见》和省交通运输厅《关于开展浙江省公路水运"品质工程"建设活动的指导意见》以及创建"美丽公路"的具体要求，在设计过程中，坚持全寿命周期统筹的基本思路，从景观营造、生态保护、污染控制、节能减排、资源集约、环保管理、安全舒适以及全面推进标准化、立足创新推进钢结构和 BIM 技术应用等方面出发，不仅考虑人与公路之间的相互影响，同时注重顺应自然、尊重自然、保护自然，发展综合交通、智慧交通、绿色交通、平安交通，形成可持续的公路发展模式，并以生态系统的良性循环为基本原则，注重融合交通、景观、历史、文化、旅游生态等多方面因素，将本项目打造成一条典型的生态文明示范公路。

2 整体设计思路

按照生态文明战略的基本原则，根据绿色公路、美丽公路的具体要求，本项目在生态公路设计上主要有以下方面的考虑。

（1）景观营造：主要从建设绿色廊道工程出发，从动态景观的角度进行生态选线，同时注重绿化植物的选择与周围环境相协调。通过结合周边环境和历史人文对沿线构造物、服务区、停车区等进行景观设计，充分展示地方区域文化特色。

（2）生态保护：主要包括边坡生态防护、取弃土场生态防护和临时用地生态防护以及生态排水技术，同时对生态资源的保护提出具体措施。

（3）资源节约：主要包括土地节约、能源节约以及各种材料的循环利用等，如弃方的综合利用、水循环利用、桥梁泥浆就地固化技术、路面新材料新技术应用等。

（4）污染防治：项目沿线生态环境敏感，噪声污染、水污染、空气污染均是设计考虑的重点，除常规设计之外，本项目提出生态声屏障技术，并重点对特大桥桥面径流处理和特长隧道的空气污染防治进行分析。

（5）安全舒适：采用生态技术提高公路安全和舒适度。主要包括隧道洞口绿化减光、水性标线和太阳能安全设施等。

（6）品质工程：桥梁设计积极采用标准化构件，路基边沟、挡墙，隧道电缆沟盖板等小型构件也尽量采用标准化设计。推广钢结构桥梁的应用和 BIM 技术的应用，加强精细化设计，进一步完善质量通病设计工作。

3　生态公路技术方案

3.1　景观营造

3.1.1　生态选线

本项目路线的生态设计主要包括平面生态选线和纵面线形生态优化。项目选线时，遵循地形选线、地质选线、环保选线的原则，灵活运用技术指标，充分节约土地资源，减少对自然生态环境的破坏，实现道路与环境的和谐相容，尽量保持公路经过地区的生态系统和景观的完整性。并通过纵面线形优化以促进土石方平衡，减少土地占用和开挖破坏，贯彻"原生态就是最美的，不破坏就是最好的保护"等生态理念。

如大洋互通至兰江段（AK2437＋210～AK2442＋300），工程可行性阶段路线分幅设计，不仅设置有长隧道，且左右幅线位之间的山前斜地被切割包围，土地占地较多，也影响村民出行，同时工程可行性右幅线位将新建上下坦村的皇母寺及林神医纪念堂拆除。

初设在工程可行性线位及实地调查的基础上，将分离式线位合并为整体式线位，不仅有效缩短了隧道长度，并将工程可行性左幅曲线跨越兰江优化调整为直线跨越兰江，降低了兰江特大桥施工难度，同时避免了皇母寺的拆迁，避免了因分幅后，两幅之间土地的切割浪费。

3.1.2 桥梁景观设计

主线桥景观设计重点是保证行驶舒适和桥面以上构筑物美化。

桥梁重点突出其带给人们的视觉欣赏性，突出桥梁与环境的自然和谐统一。桥梁设计应根据地形、地物、地质条件、周围环境选择结构类型，使桥梁与路线和自然景观融为一体。

本项目新安江大桥和兰江大桥主桥全部采用（75＋130＋75）米 V 型墩连续刚构，该结构外形美观，结构刚度大、整体性能好，节省造价，采用预制拼装施工方案，施工难度低、速度快，该桥型的后期养护费用也较低。

3.1.3 互通区景观设计

互通区景观绿化是高速公路绿化景观设计的重点，也是整条高速公路景观设计的点睛之笔。互通区绿化景观设计拟以碳汇林的形式为主，结合互通、枢纽周边地形及文化历史内容，通过绿化的手段体现当地的特色。

苗木选择上，优先选择吸碳能力强的适生树种及乡土树种，同时根据不同地域选用一些特色树种，体现当地文化，如梅城互通选用蜡梅、山茶花，大丘田互通根据地形增加水系及水生植物，马涧互通种植当地果树枇杷、杨梅等。

3.1.4 隧道景观设计

隧道洞口景观设计实际上是围绕整个洞口一定范围内的景观设计，即设计考虑的不仅是洞口单一的个体，还包含洞口旁的边坡及周边环境，是一个整体的景观设计。其考虑的重点是人工构筑物与周围环境的协调。隧道洞口绿化考虑减光功能，原则上在洞口种植高大乔木，同时逐步拉大乔木株距，达到减光效果。

隧道渐变段绿化在满足交安防眩要求的前提下，设计在中分带绿化与渐变段绿化相交接处采用规则式绿化种植。在场地较宽的地方采用自然式绿化种植方法，常绿和落叶树种相结合，在靠近开口部及路肩部位种植易养护、耐修剪的灌木，丰富中下层绿化效果。

3.1.5 服务区、停车区景观设计

服务区绿化设计最大限度地扩绿、造绿，并尽可能地利用清洁能源。同时因地制宜地减少污染物排放，如采用水回收系统，节约水资源，提高二次利用率。区内建筑物不仅结构设计要做到既坚固、耐久又经济、合理，而且还应进行建筑环境美化设计，使房屋建筑外观方面做到秀丽悦目，与环境相容，独具特色。

如本项目兰溪服务区采用半封闭绿色生态系统的开发和设计，在节能的前提下，达到高速公路服务区对外界环境的零排放、零污染。通过节能建筑、清洁能源利用、污废水循环利用、人文景观设计、生态文明展示等方面，对整个服务区进行绿色生态系统的开发和设计。

3.1.6 观景平台

本项目经新安江—富春江—千岛湖和双龙洞风景名胜区，项目沿线风光迤逦，人文古迹众多，故在新安江特大桥和楼子坞隧道之间选取适当点位设置了一处观景平台，以此观望新安江优美的自然景观。设计时根据立地条件设立相应的安全防护设施、停车位与交通标识、亭廊休息设施以及解说标牌等，尽最大可能使观景台的形式与周围原有自然环境相互融合协调。

3.2 生态保护

3.2.1 边坡生态防护

本项目填方边坡防护根据生态文明示范路建设需要，一般路段均采用液压喷播草灌和框格植草灌进行生态防护，并根据实地情况选取部分路段设置柔性生态加筋挡土墙，同时对桥头及锥坡防护，采用较为生态的柔性生态袋植被防护。

挖方边坡防护采用工程防护和植被防护相结合的方法。工程防护加固路段均采用高次团粒喷播绿化和灌木进行遮挡，使工程防护隐入植物防护中，以提高生态景观效果。植被防护技术采用草灌结合、木本植物为主，后期效果"树林化"的原则，在与周边树林临近时，设计缓冲低灌木树林过渡带，不仅使边坡绿化本身自然，还能与周围环境相协调，达到和谐自然。

3.2.2 取弃土场及临时用地生态防护

根据水土保持植被恢复相关要求，临时用地施工结束后需进行复耕。全线路基清表土资源稀缺，考虑对扰动范围内可剥离表土进行剥离，为尽可能减少临时占地，考虑在路基侧以带状临时堆置，同时做好临时防护排水及复耕措施。

3.2.3 生态排水技术

路基路面排水按照"畅、隐、绿"外形美观流畅和污水"零排放"的原则，

提高行车安全和景观效果。饮水水源保护区，路基及桥梁排水应统筹考虑，为避免水源不受污染，路面排水设计采用一种经济高效的污水生态处理技术方案——径流污染截流和应急处理系统，对径流进行集中收集处理和人工湿地污水处理。

3.2.4 生态资源保护措施

清表土资源稀缺，是当地植物赖以生存的条件，设计中高度重视腐质土的保护，将腐质土作为一种有限的自然资源对待。设计明确应将除地表草皮后腐质土集中运至指定区域进行堆放，后期充分利用绿化覆土。施工时除了保护路堑边坡至截水沟之间原植被外，还应要求保护隧道洞口成洞面坡顶至截水沟的原植被。隧道在设计时采用较为先进的设计理念和方法，不切坡进洞，采用开槽设计施工的方法先修建明洞，再采用明洞内暗洞施工，以保护洞口山坡及原生态植被。

3.3 资源节约

3.3.1 节约土地的技术措施

本项目路线所经区域土地资源十分贫乏，项目设计中尽量保护耕地，节约用地。如公路选线时进行平、纵、横优化设计，合理利用走廊带布设路线方案，并充分利用荒山、荒坡地、废弃地、劣质地，尽量减少对耕地的占用。路基断面优化设计，占用耕地较多的填方路段采用加筋路堤，加大边坡坡度，或设置挡土墙，收缩坡脚，减少对耕地的占用等；隧道三角地优化设计，部分有条件的采用缩小隧道净距；互通和枢纽互通的优化设计，部分交通量小的互通采用标准的低值在满足功能的前提下减少用地，有条件枢纽尽量采用合建的方式等。

3.3.2 弃方的综合利用

本项目路基、隧道挖方量大，存在大量弃方，路线穿越大山、跨越溪流次数较多，桥隧结构物多，土石方纵向调配条件差，为最大限度地节约资源，设计贯彻资源节约与循环利用的原则，充分考虑了废弃方的综合利用，合理地利用挖方，最大限度地将其用于隧道衬砌混凝土骨料、桥梁等结构物骨料、沥青路面结构粗集料，是本项目设计的一个重点和亮点。

同时鉴于浙江省天然砂资源正变得越来越难以获取，利用反击高效制砂机生产的机制砂以独特的优势逐渐取代市场，且机制砂具有独特的技术和经济优势，本项目设计也考虑隧道弃渣中优质的碎石通过加工成机制砂代替天然砂用于工程水泥混凝土结构中，最大限度地减少弃渣运输和占地面积，提高了资源利用效率，符合绿色低碳循环经济发展理念。

3.3.3　路面新材料新技术应用

路面结构遵循整体化设计原则。路面结构及材料设计在满足路面路用性能和使用性能要求的基础上，重视路面可再生循环利用、节能降耗和减排增效和生态环的设计新理念。

考虑到玄武岩纤维 SMA 沥青路面不仅具有良好的路用性能，更具有节能、减排、环保、可再生利用和阻燃作用，可减少公路后期养护成本，也符合国家的发展战略，路面上面层采用玄武岩 SMA 路面结构。

鉴于橡胶沥青混合料也具有可循环利用废旧轮胎、提高沥青混合料的高温及水稳定性、降低道路的行车噪声、延长路面寿命等特点，项目沿线分布众多医院、学校、村镇等环境敏感点，采用橡胶沥青可减少项目运营产生的噪声污染，但橡胶沥青在浙江省大规模推广应用不多，本项目是否采用尚需做进一步论证。

考虑施工节能环保和隧道运营防火安全，长隧道及特长隧道沥青铺装可采用阻燃沥青和温拌沥青。

3.3.4　隧道节能

本工程对所有隧道照明全部采用 LED 灯具。并尽量使用光源模块化灯具，光衰超过设计要求后只需要更换光源模块，灯具本体铝型材，玻璃面罩等材料均可继续使用，以最小的资源损耗来考虑照明系统的更新和维修。

隧道照明采用智能控制系统，实现公路隧道智能照明，达到提高隧道照明系统运维效率，节能减排的目的。

隧道通风采用前馈式智能模糊通风控制系统，可以有效节约电力消耗，并能明显改善通风效果，预防重大火灾和其他重大交通事故的发生，隧道通风节能减排效果显著。

3.3.5　太阳能光伏发电系统

隧道光伏发电系统由太阳能进行供电，采取由蓄电池调峰，与市电结合的方式，能最大限度地利用太阳能资源。结合本项目特点，拟在陈山隧道出口至笠帽尖隧道入口之间设置太阳能光伏发电系统，该区间空间较空旷，能最大限度地利用太阳能资源。

根据隧道照明的特点，由于隧道白天入口和出口加强段照明亮度根据洞外亮度的不同进行调节，同时白天的太阳能资源也相当丰富，因此隧道入口、出口段加强照明可以采用离网式光敏光伏电源系统；而隧道基本照明、夜间照明、监控系统、信号传输系统等用电设施须全天候使用，因此可以配置不间断光伏电源。

3.4 污染防治

3.4.1 桥面径流污染处理

本项目新安江特大桥、兰江特大桥、大洋溪大桥、长宁溪 1 号特大桥、秦盘岭大桥等跨越水源保护区，桥面初期雨水径流直接排入江中时会造成水体污染；当大桥发生危险化学品等泄漏时，也会污染水体，并对周围生态环境造成破坏，此类桥梁均应设置桥面径流系统和应急处理系统。

桥面径流污染和应急处理系统主要由储存调节系统和处理系统串连而成，桥面径流通过储存调节系统、生态水沟、处理系统达到层层净化的目的。

3.4.2 特长隧道空气污染防治

本工程 AZK2467 + 900 ~ AZK2469 + 700 段位于双龙风景区一级保护区范围内，为了对景区大气环境进行保护，初步考虑在金华山特长隧道排风竖井出口和隧道出口处安装模块式 ESP （静电除尘器），以减少排风带出的大量汽车尾气污染物，减少隧道尾气对景区大气的不良影响。

3.4.3 生态型声屏障技术

本项目部分路段位于风景名胜区范围内，部分路段位于风景区外围保护地带范围内，这些路段的隧道口开挖、路基填筑造成的裸露面以及桥梁的建设都将对周围以自然风光为主的景观环境有一定影响。

设计中拟考虑在传统声屏障形式的基础上，对有条件设置不同形式声屏障的局部路段做如下设计：①在征地条件或路段两侧空间允许的路段，在兼顾道路行车安全的前提下，考虑设置土堤式声屏障，结合绿化措施，可实现完全生态的声屏障形式。②若公路两侧空间受约束或声屏障要求设置高度较大，可考虑吸、隔声墙体及结合绿化措施来达到生态环保的要求。

3.5 安全舒适

3.5.1 隧道洞口绿化减光

在刚进入或者出隧道的瞬间，由于洞内外亮度差异悬殊，驾驶员在进出隧道的瞬间也要经过一段时间以适应洞内外明暗变化，即所谓的 "黑洞" 和 "白洞" 效应。在车速较快的情况下，因驾驶员视觉功能的降低及反应时间的不足，容易诱发交通事故，且隧道交通事故主要集中于洞口段。为了降低隧道洞口内外的亮度差异，传统的解决方法是在洞口段采取加强照明的方式，以缓解这种变化，或者采用棚架式遮光棚进行减光，从而提高行驶安全性、减少加强灯具的费用和电费、体现洞口景观与周边自然环境高度的融合性。

3.5.2　安全设施保障

为提高行车安全舒适性，设计中通过一些生态措施为行车提供安全保障，如推广水性标线、太阳能设施等环保设施在公路项目中的应用等。

3.5.2.1　水性标线

水性标线配有独特的干反光、湿反光材料，它不仅能够提高干燥条件下的反光率，而且在湿润条件下，尤其在水下，依然具有很高的反射率，能创造出一种长距离的全天候可视性，使驾驶者在晴天和雨天都能够看清道路情况，从而提高道路的安全性能。水性标线符合美国 EPA 标准的要求，安全无毒，保护环境。

3.5.2.2　太阳能安全设施

太阳能设施包括太阳能智能道钉、太阳能智能线形诱导标、太阳能智能柱式边缘视线诱导标等，通过动态闪烁方式可明显提高设施的警示作用，尽早引起驾驶员警觉，增加驾驶员响应时间，进而提高行车的安全性。太阳能设施利用清洁环保型能源（太阳能）供电，对环境基本无污染。

3.6　打造品质工程

3.6.1　标准化设计

桥梁设计优先考虑大型化、装配化施工，积极采用预制化和标准化构件，尽可能减少构件的种类和形式，路基边沟、挡墙，隧道电缆沟盖板等小型构件也尽量采用标准化设计。

3.6.1.1　桥梁上部结构的标准化设计

本项目主线桥除两座跨江特大桥的主桥采用连续刚构以外，其余均采用 T梁，配跨以 30 米跨径为主，占桥梁总长约 80%。在互通区范围，桥梁跨径进一步归并，以 30 米 T 梁为主；对于处于小半径匝道的桥梁均采用 20 米 T 梁。

通过对不同半径曲线桥梁的布板进行分析，对预制梁长进行了归并，减小预制梁长的种类，为施工和管理提供便利。

3.6.1.2　下部结构的标准化设计

针对互通区桥梁的立柱间距和承台尺寸进行适当归并，减少构件的种类；另外考虑立柱、盖梁、承台等的钢筋模块化，放在后场预制，然后通过吊机吊装到位，提高钢筋施工质量。

3.6.1.3　兰江、新安江特大桥主跨的预制拼装

新安江和兰江两座特大桥主桥均采用配跨为（75 + 130 + 75）米的 V 型墩连续刚构，并且上部结构梁段均采用预制拼装结构，便于提高施工效率和施工质量，同时，施工标段划分时，拟将两座桥的主桥都划分到同一个合同段，提高模板的利用效率。

3.6.1.4　通道、涵洞、边沟及其他小型构件标准化设计

部分通道和涵洞考虑在工厂预制拼装，运到现场进行拼装；路基边沟、部分挡墙预制拼装；针对目前隧道运营过程中，电缆槽盖板经常出现的质量问题，结合本项目标准化的要求，本项目个别隧道电缆槽盖板设计采用活性粉末混凝土（RPC）盖板。RPC 盖板相比普通盖板在力学性能、质量控制、全寿命价格等方面均有明显优势，能很好地解决目前隧道电缆槽盖板常见的质量问题。

3.6.2　推广钢结构桥梁的应用

将公路运营和维护设计与建设一并考虑，突出全寿命，强调系统性，强化养护设计与养护设施的统一。推进钢结构桥梁的应用，本项目主要考虑杨村桥枢纽和二仙桥东枢纽跨高速的小半径匝道桥梁采用钢结构桥梁，一方面可以加快施工进度、减少桥梁建设对既有高速公路通行的影响，另一方面也可以发挥钢结构桥梁在全寿命周期成本方面的优势。

3.6.3　推广 BIM 技术的应用

积极开展 BIM 技术在本项目的大型桥梁、大型枢纽互通、路基土石方调配等方面应用研究，并会同业主开展相关调研。本项目主要考虑在新安江特大桥和二仙桥东枢纽开展相关应用研究。

3.6.4　精细设计，进一步完善质量通病设计工作

加强对容易出现问题的高边坡设计、台背回填、桥头高填方、路基路面防排水等的针对性设计，对易出现混凝土裂缝的位置进行细化设计，做到方案合理、设计精细。

国家对生态文明战略的重视程度日益增加，生态文明战略已经成为全社会、各行业发展应遵循的基本准则，而生态文明示范路建设无疑是生态文明战略在交通运输行业落地实施的重要标志。本项目实施在探索公路生态文明建设途径方面具有代表性，是探索生态文明示范路理念和加快建设绿色交通的需要，对生态景观型公路、旅游服务型交通等先进理念具有推动作用，对同类工程建设起到了引领示范的作用。

参考文献

［1］浙江省交通规划设计研究院．S310 美丽公路创建方案研究报告［R］．2014．

［2］浙江省交通运输厅．公路建设生态设计指南［Z］．2015．

［3］中华人民共和国交通运输部．关于实施绿色公路建设的指导意见［Z］．2016．

［4］中华人民共和国交通运输部．公路工程技术标准［S］．2014．

［5］浙江省交通规划设计研究院．长春至深圳高速公路（G25）浙江建德至金华段工程初步设计、施工图设计文件［R］．2016．

大气污染防治中公众参与困境及破解对策研究

——以银川市为例

杨 杰

（兰州理工大学法学院，甘肃兰州，730050）

摘 要： 党的十九大提出建设生态文明是中华民族发展的千年大计，并将污染防治纳入决胜全面建成小康社会"三大攻坚战"。而打好污染防治攻坚战，重点是打赢蓝天保卫战。本文以银川市为例，提出公众参与银川市大气污染防治的必要性，而就当地公众参与大气污染防治的现状来看，其面临公众参与主体范围较模糊、公众参与能力较弱以及公众参与途径较单一的困境。因此，本文结合银川市实际情况，提出应当明晰公众参与主体范围、提高公众参与能力、优化公众参与途径，旨在通过破解当地大气污染防治公众参与面临的困境，保障公众有效参与，以此来高效防治银川市大气污染，做到"同呼吸共奋斗"，群防群治，打赢蓝天保卫战。

关键词： 大气污染防治；公众参与；地方治理

当前，日益严重的大气污染问题引起了社会各界的关注，开展大气污染防治工作已不容迟疑，而公众参与无疑能够给防治工作带来划时代的变革。近年来，银川市能源消耗速度增加，经济增长迅速，但面临的环境压力越来越大，大气污染问题日益严重。虽然当地政府在大气污染防治工作中取得了一定的成绩，但是和理想状态还有一些差距。从客观来看，当地政府在大气污染防治中投入的财力

作者简介：杨杰，兰州理工大学法律硕士，主要研究方向为环境法。

基金项目：甘肃省高等学校科研项目"甘肃生态安全屏障区建设公众参与机制研究"。

或者物力无法满足现实工作的需要。基于此，激励银川市公众作为政府的补充力量参与到当地大气污染防治工作之中就显得十分必要。而如何让公众有序、高效地参与，则是银川市在大气污染防治工作中亟须解决的重点问题。本文通过分析银川市大气污染防治中公众参与存在的问题，试图寻找出合理、有效的对策，从而保障公众更好地参与银川市大气污染防治，还银川市一片蓝天。

1 银川市大气污染防治公众参与必要性

1.1 银川市大气污染防治形势的需要

近三年，银川市工业废气排放量呈现增长趋势，而城市空气质量的优良天数逐年减少，占全年监测天数百分比越来越低。这说明银川市在发展工业、追求经济效益的路上没有防患于未然，对生态效益尤其是空气质量已经产生了破坏和影响。

在银川市大气污染防治公众参与调查问卷中，有82%的人认为银川市大气质量面临危机。这82%的人认为，银川市大气面临危机的主要原因为政府监管尚有欠缺、公民环保意识淡薄以及工业废气的排放。这说明银川市大气污染已经比较严重，威胁到了当地居民的正常生活以及身体健康。究其原因，当地政府单方面的环境保护管理模式已经暴露出弊端，随着社会进一步发展，银川市政府能够投入的物力和财力将与大气污染防治工作的现实需求产生越来越大的落差。因此，为防止银川市大气质量进一步恶化，让公众积极参与银川市大气污染防治工作已经迫在眉睫。

1.2 公民实现环境权的有效路径

环境权作为一种新型的人权，是人的一项应有权利，其最初的法律依据是1972年的《联合国人类环境会议宣言》（以下简称《人类环境宣言》）。《人类环境宣言》提出，"全体社会成员都享有在健康、安全和舒适的环境中生活和工作的权利，并且负有保护和改善当代人和后代人的环境的责任"。环境权起源于人类可持续发展的理念，并且产生于保护环境的现实需要中，环境权的提出反映了新的社会价值观和生态理念。有学者提出，人权有三种存在形态，即应有权利、法定权利和实有权利。环境权作为人的应有权利，向法定权利和实有权利转化需要一定的过程。而银川市大气污染防治中的公众参与，正是当地公众实现其环境权的具体体现和有效途径。

1.3 银川市社会主义民主进步的内在要求

美国政治学家罗伯特·达尔认为，民主的核心则是公民的广泛参与，民主是一种政治体系，在这个体系中，所有成年公民都可以广泛参与决策。我国是人民主权的国家，国家的一切权利属于人民。这就要求银川市在大气污染防治中，让人民群众能够通过各种方法和途径参与。公众参与银川市大气污染防治，对于当地社会主义政治文明建设具有重要的作用。公众参与的层次、途径及其法制化程度，在一定程度上能够反映社会主义政治文明的发展程度。在银川市大气污染防治中，公众参与的过程可以培养和提升公众的民主意识、参与意识和法律意识，不仅有利于银川市大气污染防治工作的顺利开展，而且可以起到推动和保障《大气污染防治法》等相关法律的实施的作用。因此，公众参与银川市大气污染防治，对推进当地民主法制建设进程、加速当地社会主义政治文明建设，将产生积极作用。

2 银川市大气污染防治公众参与现状困境分析

2.1 公众参与主体范围较模糊

法律上所称主体，是指参与法律关系、享有权利和承担义务的人。银川市大气污染防治公众参与的主体，即参与银川市大气污染防治过程，享有权利并承担义务的人。从字面上看，公众参与的主体，即"公众"。但公众是一个集合概念，谁是"公众"？参与银川市大气污染防治的公众范围有多大？事实上，尽管我国目前对公众参与的研究已经比较多，但是对于环境保护中公众参与的主体，依然存在范围模糊的问题。在我国一些具体的法律法规中，涉及公众参与环境保护的主体规定。如《环境保护法》第六条的规定是"一切单位和个人"；《大气污染防治法》第七条的规定是"企业事业单位和其他生产经营者以及公民"；《环境影响评价公众参与办法》第五条的规定是"环境影响评价范围内的公民、法人和其他组织"。在《宁夏回族自治区大气污染防治条例》中，对公众参与的规定存在欠缺和空白，至于公众参与的主体范围界定更是没有提及。

从上述规定看，虽然我国相关法律法规对公众参与有所提及，但是规定的公众参与主体不统一、不明确。既规定了个人和单位，也规定了公民和组织。这种不统一的规定，容易产生理解上的分歧。如果不明晰公众参与主体的范围，将会影响公众参与的实践。

2.2 公众参与能力较弱

2.2.1 公众参与意识薄弱

在银川市大气污染防治公众参与调查问卷中，有96人认为银川市大气环境需要大力保护，占参与问卷调查总人数的96%，但是只有64人选择愿意参与银川市大气污染防治，只占参与问卷调查总人数的64%。这说明在银川市，大多数人非常关心大气的质量，因为这和人们的身体健康息息相关。虽然大家关注大气环境的保护，却有相当一部分人不愿意参与银川市大气污染防治。究其原因，主要有两点：

第一，传统的政府直控型的管理模式仍在大气污染防治中占据主导地位。从历史角度看，我国民众自古多认为管理公共事务是国家的责任，政府在一般公众的心中无疑是权威的象征。且由于我国长时期实行的"强政府，弱社会"行政模式和文化传统，公众对政府有极大的依赖性。这就导致在大气污染防治这一问题上，公众往往认为公共事务的管理是政府的事情，参与大气污染防治的自我意识较为薄弱。

第二，当今城市快节奏的生活以及人与人之间关系的疏远，都导致人们对自身以外事务的关注度降低。通过与当地一些居民交流，发现虽然公众已经意识到保护大气环境质量的重要性，但他们当中一部分人认为自己人微言轻，帮不上什么忙，或者认为个体的力量和作为对整体的大气污染防治起不到什么作用。而且，一部分公众往往不愿意揭露环境违法行为，更不愿意对政府的政策、国家的法律法规等提出意见。因为在他们看来，做这些事情费力不讨好，起不到什么作用。

2.2.2 公众参与的知情权得不到保障

在银川市大气污染防治问卷调查中，有97人认为在银川市大气污染防治中政府需要向社会大众公开环境信息，占参与问卷调查总人数的97%。这说明，大多数公众希望政府能够进一步坚持和完善信息公开，保障公众知情权。政府在环境信息公开这项工作中，还需要进一步努力提高和完善。如果政府的信息公开度高，公众就会享有高度的知情权，从而也保障了他们的参与权。如果政府不及时将这些本质上是公共财产的信息公开，就必然会加剧政府与公众之间的信息不对称，使公众难以参与。在这个意义上，知情权是公众参与的前提和基础。缺少充分透明的信息，会导致公众盲目参与，他们所提的意见也就没有意义。

2.2.3 环保社团组织发展较慢

环保社团组织构成了公众参与社会管理的载体，是公众和政府之间必不可少的纽带。目前，银川市先后成立了一些环保社团组织，比如"银川青绿环境与可持续发展中心""宁夏大学仙人掌环保协会""宁夏环境保护产业协会"等。但是，从银川市的实际情况看，目前银川市的环保社团组织还存在很大的局限性。主要表现在当地政府承担着环保社团组织发展和活动的大部分资金，同时掌握着环保社团组织合法性的"印章"。基于此，目前银川市环保社团组织缺乏资金与独立性，发展缓慢，无论从数量上还是规模上都还无法满足现实状况的需求。

2.3 公众参与途径较单一

通过对银川市大气污染防治公众参与的调查问卷结果进行数据分析，可以看出目前银川市公众参与大气污染防治表现出参与层次较低、参与形式单一的情况。在银川市大气污染防治问卷调查中，有42人选择用建言献策的方式参与银川市大气污染防治，占参与该项问题调查人数的66%。而其他参与方式的占比则较低。这说明，在银川市大气污染防治中，公众参与的方式比较单一。并且，公众参与方式的层次较低，易于参与。而较高水平的参与层次，公众是比较缺乏的，例如对政府环境管理行为进行监督（34%）、对企事业单位以及他人破坏大气环境的行为进行检举揭发（28%）、对大气环境问题损害自身利益的情形提起诉讼（33%）等方面，公众都存在参与较少或参与不足的问题。

3 破解银川市公众参与大气污染防治困境的对策

3.1 明晰公众参与主体范围

《环境保护法》第六条规定："一切单位和个人都有保护环境的义务。"客观来说，在银川市大气污染防治中，让所有公众都参与进来，无论从参与的成本、社会资源的流向，还是从公民的参与能力和参与意愿来看，实际上都是不可能的。因此，从应然的角度看，每个人都享有参与银川市大气污染防治的权利。但是从实然的角度来看，公众参与的主体也有一个适度的问题，不能将银川市大气污染防治公众参与等同于全民参与，这是不现实的。结合银川市实际情况，应当明晰且重点保证以下主体的参与，使银川市大气污染防治中的公众参与更加具有针对性。

3.1.1 利害关系人的参与

筛选适当的利害关系人是提高公众参与银川市大气污染防治的有效性基础，因为从主体而言，利害关系人的参与，既是其政治参与权利的体现，也是其自身权益保障的需要。基于此，利害关系人才会切实关心自己的利益，能够为银川市大气污染防治提供最真实的意见和建议。

3.1.2 弱势群体的参与

弱势群体指生活在社会底层，在经济和政治上处于弱势地位的群体。弱势群体在社会所处的地位，决定了其缺少话语权和表达自己诉求的渠道。弱势群体同样是国家和社会的主人，是为社会主义事业做出贡献的一分子。他们的主体地位必须得到法律的尊重和保障。因此在银川市大气污染防治中，要特别重视弱势群体的参与。通过加强引导和扶持，创造各种条件来保障弱势群体的参与，确保弱势群体在银川市大气污染防治中的话语权。

3.1.3 环保组织的参与

就大气污染防治而言，环保组织与个人相比有着巨大的优势，他们能够搜集到众多渠道的环境信息。因此必须注重保障环保组织的参与，弥补公民个体与国家机关对话的空白，使其在政府和公众之间充分发挥桥梁的作用。

3.1.4 专家学者的参与

专家学者是银川市大气污染防治公众参与中的特殊群体。专家学者属于公民的一员，保证他们的参与能够适当地弥补普通公众在银川市大气污染防治中的专业缺陷和不足，提高公众参与银川市大气污染防治的科学性和专业性。

3.2 提高公众参与能力

3.2.1 提高公众环保参与意识

第一，要提高公众的公民意识。公民意识是一种社会意识，它体现了公民在社会中所形成的对自身主体性、权利和责任、身份和地位等社会关系的理性自觉。每个人都是社会的主体，也是生态环境的主体，保护生态环境是一个合格公民应有的责任。提高公众的公民意识，有利于激发公众参与银川市大气污染防治的热情。

第二，要加强大气污染防治宣传教育。尤其是针对《大气污染防治法》的普法宣传。《环境保护法》第六条明确规定："一切单位和个人都有保护环境的义务"，《大气污染防治法》第七条规定："公民应当增强环保意识，采取低碳、节俭的生活方式，自觉履行环境保护的义务。"这意味着，个人的污染减排行为将不再仅仅是自愿行为，而是应当承担的社会责任和法律义务。而在与银川市部分居民交流时，发现很多人都没有关注到这一点。因此，银川市各地区要面向社会、面向公众进行宣传教育，提高公民的大气环境保护意识和法制观念，使社会成员以主人翁的姿态自觉践行公民的权利和义务，提高公众保护银川市大气环境的自觉性。

3.2.2　政府完善环境信息公开化

政府环境信息公开，是一种比较新的环境管理方法。它是公众参与银川市大气污染防治的一扇窗。银川市政府为推进环境信息公开已做了诸多努力，但仍存在不足。保证公众知情权的关键在于实行信息法治，因此，宁夏回族自治区人民代表大会及其常务委员会应当根据本行政区域的实际需要，在不与上位法相抵触的前提下制定环境信息公开化的地方性法规，为银川市大气污染防治中公众参与的知情权提供保障。

3.2.3　加强环保社团组织建设

就银川市政府层面来看：第一，要改变管理理念，接纳社会力量，由政府直控型管理模式转向社会制衡型管理模式。第二，要鼓励非政府环保组织的创建，并规范其正常运营。第三，可以设立专项资金，给予环保社团组织资金支持，以便于环保社团组织顺利开展活动。

就环保社团组织自身来看：第一，要树立良好形象。一直以来，无论是银川市还是其他地区，一般民间组织的行政色彩较强，公众对组织的认同和信任不够。为此，环保社团组织可以通过网络等媒体积极开展活动，宣传自身形象。第二，要增强自身专业性。环保社团组织要运用自身专业优势，定期举办宣传会，加强公众对银川市大气污染问题的认知；同时积极与专家学者开展合作，吸纳人才，提高影响力。

3.3　优化公众参与途径

3.3.1　政府构建专门的网络平台

第一，银川市政府应设立"银川市大气污染防治公众参与论坛"，构建政府与公众网络交流平台，引导公众参与讨论。第二，银川市政府应设置"银川市大气污染防治公众参与意见区"。公众可以向政府提出关于银川市大气污染问题的意见，政府要对公众的意见作出及时、合理的答复。

3.3.2 政府定期举办座谈会

要实现真正意义上的公众参与，关键在于实现地方政府与公众之间的有效互动。在银川市大气污染防治公众参与问卷调查中，有 38 人认为，通过政府定期举办座谈会能够有效保障公众参与银川市大气污染防治，占参与该项问题调查人数的 59%。这说明在银川市，公民渴望就银川市大气污染防治问题和政府进行对话与交流。因此，银川市政府有必要定期举办座谈会，而且在座谈会中，应鼓励公众对银川市大气污染防治内容作出反馈，保证实现双向交流。

解决银川市当前的大气污染防治问题，不仅需要政府积极发挥职能，还需要公众广泛参与。要重点保障利害关系人、弱势群体、环保组织和专家学者的参与，并且政府与公众之间应形成良性互动，加强沟通，切实保障公众参与的权利，形成多元治理、协商合作的新局面。唯其如此，公众参与才能发挥出更大的正能量，才能真正推动银川市大气环境质量的改善，做到群防群治，打赢蓝天保卫战。

参考文献

［1］王文婷．大气污染治理间分担机制研究［M］.北京：法律出版社，2017.

［2］郑旭文．转型社会中公共决策的公众参与［M］.北京：法律出版社，2017.

［3］黄洪旺．公众立法参与研究［M］.福州：福建人民出版社，2015.

［4］吴宁．社会弱势群体保护的权利视角及其理论基础——以平等理论透视［J］.法制与社会发展，2004（3）．

［5］高桂林．大气污染防治公众参与的法经济学分析［J］.广西社会科学，2014（11）．

［6］尚丽萍．公众参与视角下兰州市大气污染防治对策探析［J］.四川环境，2017（5）．

［7］万将军．城市大气污染治理的公众参与问题研究——以成都市为例［D］.四川省社会科学院硕士学位论文，2015.

［8］白高娃．鄂尔多斯市大气污染防治中的政府责任研究［D］.内蒙古大学硕士学位论文，2017.

连片贫困区传统村落分布的边缘化及驱动机制研究

——以四川秦巴山地为例

冯维波　　刘有于

（重庆师范大学地理与旅游学院，重庆沙坪坝，401331）

摘　要：扶持集中连片贫困地区脱贫致富是中国新一轮减贫的重点，而片区内传统村落的贫困化更是备受关注的焦点问题。以四川秦巴山地的传统村落为实证研究对象，基于核心—边缘理论，构建连片贫困区传统村落分布边缘化特征的评价标准体系，利用计量地理学和 ArcGIS 10.2 等方法，阐释四川秦巴山地传统村落分布的空间分布特征及驱动机制。结果显示：四川秦巴山地传统村落分布呈现自然环境边缘化、经济边缘化、空间边缘化、交通边缘化特征；受恶化的自然环境、滞后的城市化、缓慢的经济增长、不便的交通等自我弱化机制的影响，村落不可避免地陷入了边缘化路径依赖，其分布的边缘化特征将会越发明显。

关键词：连片贫困区；传统村落；空间分布；四川秦巴山地

集中连片贫困区往往是自然条件恶劣、地理位置偏远、生态环境差、基础设施薄弱的边缘区，具有显著的经济、社会、政治及生态劣势。而生长在连片贫困

第一作者：冯维波（1966—），男，四川西充人，重庆师范大学，教授，博士，研究方向为城乡规划与人居环境，邮编：401331。

通讯作者：刘有于（1994—）男，湖南益阳人，重庆师范大学，硕士研究生，研究方向为传统村落、乡村振兴，邮箱：1935006969@qq.com。

基金项目："十二五"国家科技支撑计划课题"山地传统民居统筹规划与保护关键技术与示范"（项目编号：2013BAJ11B04）。

区的传统村落在承载和展示当地民族文化特色、留存丰富多彩文化遗产的同时，由于长时期城乡发展不均衡，生态环境不断恶化，消亡的速度不断加快。学术界目前对传统村落的研究主要集中在三个方面：第一，传统村落的价值研究。第二，传统村落的开发与保护研究。第三，传统村落的空间布局研究。包括两个空间层次：一是从微观上研究村落内部空间形态；二是从宏观上研究空间分布规律，探索村落整体空间形态。这些研究成果侧重于全国或省份等宏观层面的传统村落。此外，已有研究孤立地分析了传统村落分布的影响因素，鲜有研究对其影响因素的关联性进行深入分析。对连片贫困地区传统村落的研究处于空白，边缘化问题是贫困地区及传统村落发展中普遍面临的现实困境。研究传统村落这一村级单元更能揭示贫困区地理分布的真实状况，有助于反映集中连片特困地区贫困问题的本质和发展的不平衡。因而，科学有效地识别连片贫困区传统村落的空间格局，客观准确地揭示其形成机制，已成为地理学研究的重要内容，是制定区域扶贫和乡村振兴战略与政策的重要依据。鉴于此，以四川秦巴山地为研究对象，借助 ArcGIS 10.2 与计量地理学等技术手段，揭示四川秦巴山地传统村落在发展中呈现的边缘化特征；并分析传统村落边缘化形成的主要机制，探索淡化边缘化的途径，对帮助连片贫困区脱贫具有重要意义。

1　研究区域

　　四川秦巴山地是我国南北水系和暖温带与亚热带的分水岭，地处青藏高原、四川盆地、黄土高原的过渡地带，以大巴山、米仓山为主，多为深山、石山，以嘉陵江、涪江为主要干流，河流密布，水系发达，自然地理条件恶劣，洪涝、干旱、山体滑坡等自然灾害易发多发，为我国六大泥石流高发区之一。同时，四川秦巴片区是我国 11 个集中连片特困地区之一，是四川 4 大连片特困地区之一，覆盖了川东北绵阳、广元、南充、达州和巴中 5 市 24 县区，总面积 618 平方千米，约占四川省的 12.5%。四川秦巴山地仍有 665 个贫困乡（镇）、1020 个贫困村，区内有近半数的传统村落属于贫困村，但是传统村落价值不容忽视。

2 数据来源及研究方法

2.1 数据来源

基础数据涉及四川省 1094 个传统村落，分为两个层次：一是国家公布的四川省四批中国传统村落名录，共计 225 个，其中四川秦巴山地共 40 个。二是四川省公布的三批省级传统村落，共计 869 个，其中四川秦巴山地共 230 个。经去重复处理，保证研究样本数，最终将 206 个传统村落纳入统计分析。

同时，从国家统计局网站、四川省统计年鉴和各地市政府工作报告中，获取区县的常住人口、城市化率、GDP、产业比值、贫困率等相关统计数据。从航天飞机雷达地形测绘任务（SRTM）官网，获取 90m × 90m 的数字地图高程（DEM）数据。地质灾害易发区的数据来自各地级市地质灾害防治规划报告及相应的文献，在 ArcGIS 10.2 中进行矢量化处理，再与传统村落叠加，生成传统村落地质灾害易发的空间分布图。

2.2 研究思路及方法

2.2.1 具体研究思路

①通过百度地图 API 坐标拾取器，获取传统村落的经纬坐标及 24 个区县的经纬坐标；利用 ArcGIS 10.2 对地图矢量化，作为属性信息链接后，建立传统村落影响因素地理信息系统，得到四川秦巴山地传统村落空间分布图。②收集两大系统影响因素相关信息及数据录入 ArcGIS 10.2，建立相关影响因素数据库。③结合影响因素，以县域为单元，利用统计分析、不均衡性分析、断裂点法以及 ArcGIS 10.2 中的缓冲区分析、重分类、叠置分析中的交集分析，空间插值及栅格分析等方法对四川省秦巴山地进行各影响因子的核心区、边缘区评价。④从自然环境边缘化、经济边缘化、空间边缘化、交通边缘化，探讨传统村落边缘化形成的主要机制，探索淡化边缘化的途径，以期为四川秦巴山地等连片贫困区传统村落的整体保护提供理论支撑。

2.2.2 主要研究方法

主要研究方法如表1所示。

表1 主要研究方法

方法	公式	相关指标意义	地理意义
地形起伏度	$RDLS = ALT/1000 + [(Max(H) - Min(H)) \times (1 - P(A)/A)]/500$	RDLS 代表地形起伏度，ALT 代表一定区域内的平均海拔（m）；Max（H）代表该区域内的最高海拔（m），Min（H）则代表该区域内的最低海拔（m）；P（A）为该区域内的平地面积（km^2）；A 为区域总面积，设置为1km^2	地形起伏度是指地表一定范围内最大的相对高度差，它可以在一定程度上体现该地区地表高低起伏的状况
地理集中指数	$G = 100 \times \sqrt{\sum_{i=1}^{n} \left\{\frac{X_i}{T}\right\}^2}$	G 为区县的地理集中指数；X_i 为第i个区县传统村落的数量；T 为传统村落总数；n 为市州总数	G 取值在 0 到 100 之间，G 值越大，传统村落分布越集中；G 值越小，则分布越分散
不均衡性分析	$S = \dfrac{\sum_{i=1}^{n} Y_i - 50(n+1)}{100n - 50(n+1)}$	n 为区域的个数；Y_i 为各区域内某一研究对象在总区域内所占比重从大到小排序后第i位的累计百分比	不平衡指数 S 在 0 到 1 之间，如果研究对象均匀分布在各区域中，则 S = 0；若研究对象全部集中在一个区域中，则 S = 1
断裂点法	$d_A = \dfrac{D_{AB}}{1 + \sqrt{\dfrac{P_B}{P_A}}}$	d_A 为从断裂点到 A 城的距离；D_{AB} 为 A、B 两城市间的距离，P_A 为较大城市 A 的规模，P_B 为较小城市 B 的规模	城市吸引区的范围越大，断裂点离城市中心越远
场强公式	$P = \sqrt{非农人口 \times 非农产业增值}$ $F_A = \dfrac{P_A}{d_A^2}$	F_A 为 A 城市在断裂点辐射力大小，P_A 为较大城市 A 的规模，d_A 为从断裂点到 A 城的距离	F_A 值越大，城市的辐射范围越大，吸引力越大

3 边缘化特征

3.1 边缘化特征界定

按照核心—边缘理论，可将自然环境良好、交通便利、经济活动较高、人口密度较大等条件优越的地区视为核心区，将条件较差的地区视为边缘区。将传统村落与上述因素的空间分布图进行叠加，若传统村落集中分布在核心区，则呈现中心聚集特征，若传统村落集中分布在边缘区，则呈现边缘化特征。

3.2 边缘化特征的影响因素

传统村落是地域文化的产物，其空间分布受制于自然环境和人文社会两大因素，结合这两大系统的主要因素，以其所在县域为统计单元，进行核心区与边缘区评价。自然环境对传统村落的形成与分布起着基础性作用，主要包括地形地貌、海拔、河流等；社会经济对传统村落的保存与分布起着支撑作用，主要包括地区 GDP、城市化水平、交通干线等因素。

3.3 边缘化特征的评价标准

边缘化特征的评价标准分为两部分：一是传统村落影响因素分布的核心—边缘区评价，评价指标包括两个层次，两个一级指标为自然条件、社会经济，八个二级指标为地形地貌、海拔、地质灾害、河流、GDP、城市化率、中心城市、交通。二是传统村落分布的边缘化特征评价，在影响因素分布的核心—边缘区评价的基础上，以分布在核心区和边缘区的传统村落数量占比来确定传统村落分布是否具有边缘化特征。具体评价标准如表 2 所示。

表 2　传统村落分布边缘化特征的评价标准

影响因素	自然条件				社会经济			
	地形地貌	海拔	地质灾害	河流	GDP	城市化率	中心城市	交通
影响因素评价指标	地形起伏度	海拔（m）	地质灾害易发区	距河道距离（km）	人均GDP（元）	城市化率（%）	距中心城市距离（km）	交通可达性（min）
核心区评价标准	<0.5	<500	属于低发区	<5	高于全省的平均水平	高于全省的平均水平	<20	<60

续表

影响因素	自然条件				社会经济			
	地形地貌	海拔	地质灾害	河流	GDP	城市化率	中心城市	交通
影响因素评价指标	地形起伏度	海拔（m）	地质灾害易发区	距河道距离（km）	人均GDP（元）	城市化率（%）	距中心城市距离（km）	交通可达性（min）
边缘区评价标准	>0.5	>500	属于中高区	>5	低于全省的平均水平	低于全省的平均水平	>20	>60
分布的边缘化特征	传统村落数量大于50%分布在核心区为中心聚集特征，数量大于50%分布在边缘区为边缘化特征，传统村落数量占比越大，特征越明显							
具体特征	自然环境边缘化、经济边缘化、空间边缘化、交通边缘化							

4 传统村落分布"边缘化"特征

4.1 传统村落分布的自然环境边缘化特征

4.1.1 地形起伏度

地形是最基本的自然地理要素，其中，地形起伏度是指区域内海拔最高点高程与海拔最低点高程的差值，用以描述和反映地表地形的宏观特征。地形起伏度作为人居环境适应性评价的重要指标，不仅影响传统村落的选址，而且会对人口分布、道路交通、经济发展、文化交流产生不同的制约作用，进而对传统村落的空间分布产生深远影响。

本区地形以山地为主，山地面积占总面积的93%。其中，又以海拔1500～3000米的中低山地为主，占山地面积的96%左右。区域地形起伏度总体趋势为东北西部三面高，以东北缘的龙门山，北部的米仓山、大巴山为主；中部和南部低，地处四川盆地边缘区，多低山漕坝区，在空间分布上呈现倒"U"形特征。分析发现，区域地形起伏度以高值为主，平均值为2.52。当平均地形起伏度大于0.5（半个基准山体高度）时，县域数为21个，累积频率达87%。经统计，四川秦巴山地仅55个传统村落，其周围1千米范围内地形起伏在0.5之内，而有151个传统村落在大于0.5的地形起伏度的区域集中，说明在四川秦巴山地中地形起伏度小的区域传统村落分布较少，地形起伏度大的区域分布的传统村落多。因为在地形较为平坦的区域，传统村落往往受现代化影响较大，会逐渐壮大或消失，而地形起伏度较大的区域和相对闭塞的空间，则为传统村落提供了生存的环境。

4.1.2　海拔高程

海拔高程是传统村落定量化研究的一个重要指标。不同海拔高程所带来的地形起伏的变化，将对区域水热组合产生直接影响，进而对该区域的农业生产方式产生影响。在以农业为主要生产方式的四川秦巴山地，村落所处海拔高程和地形状况可以通过农业生产方式对聚落的空间分布产生影响。在500米海拔高程范围内的传统村落为57个，占比27.67%；相对高的海拔形成相对闭塞独立的生存环境，这一方面使得传统村落能够存在和发展，另一方面也促使传统村落形成各具地方特色的风俗文化，并得以较完整的保存下来。

4.1.3　地质灾害

四川秦巴山区位于秦岭褶皱系和扬子准地台两大构造单元，地质构造较为复杂且存在大量深大断裂，活动期长，性状变化大；区域以山地为主，以片岩、板岩、千枚岩、灰岩等较易发育地质灾害的岩土居多；加之区域属于季风性气候，降水量集中于夏季；河谷切割较深，河流侵蚀较为严重；同时，区域矿产资源和水能资源丰富，采矿和人类其他工程活动十分频繁，不合理的人类工程活动，使森林覆盖率不足30%，导致地质环境问题日渐突出，地质灾害频发。据不完全统计，四川秦巴山地的24个县地质灾害隐患点高达10000余处，其中滑坡占绝大多数，达到5000余处。

利用ArcGIS 10.2将传统村落空间分布图与地质灾害易发分区图进行叠加分析，计算二者之间的交集，得到传统村落与地质灾害易发区之间的空间关系。四川秦巴山地传统村落主要分布在高、中地质灾害易发区，分别达到了76个、113个，分布受区域构造控制明显，且以龙门山北东向构造带、大巴山—米仓山东西向构造带为主，其次是河谷纵深地带。在这些相对独立的环境里，由于形成了相对险要的地形，外界对传统村落的影响较小，传统村落在险要的地形条件下，能形成各自的特点，尤其能形成具有地方特色的风俗文化，而在地质环境相对稳定的区域，村落往往受现代化影响较大，逐渐壮大或消失。

4.2　传统村落分布的空间边缘化特征

4.2.1　空间分布特征

四川秦巴山地传统村落在空间分布上也呈现边缘化特征。统计分析表明该区传统村落主要集中在四川省 24 个县中的 7 个县，该区的地理集中指数 G = 26.08。假设 206 个传统村落平均分布在各县内，即每个县的传统村落数量为 206/24 = 8.58，因此，表明从县尺度来看，传统村落的分布较为集中；同时其不均衡指数 S = 0.43，表明四川秦巴山地传统村落分布不均衡。根据传统村落在各县分布的洛伦兹曲线，可以看出，主要集中在平武县、朝天区、昭化区、旺苍县、巴州区、通江县、平昌县，其传统村落数量接近总数的 60%，除去昭化区，这些县都位于省际或市级的交界地带。

4.2.2 中心城市

选取区域的 24 个县级城市作为传统村落的"中心城镇"，用来探究行政区划上的区域中心城镇与传统村落分布格局之间的空间关系。数据显示，传统村落距中心城镇直线距离集中分布于 10 ~ 35 千米范围内，距离中心城镇在 20 千米以内的范围内是传统村落的占比为 43.20%，距离中心城镇在 20 千米以外的范围内是传统村落占了 56.80%，为密集分布的区域。

探讨四川各中心城市辐射力与传统村落分布的关系。统计可得，四川秦巴山地各中心城市的平均辐射力为 23.83，拥有传统村落地区的城市辐射力为 23.60，而拥有 10 个以上传统村落地区的城市辐射力仅为 17.01，表明城市作用强度较小、距离大城市较远的传统村落数量较多。总体上看，传统村落与其中心城镇之间存在密切的空间关系，距离中心城镇越远，城市辐射力越弱，传统村落分布也越多，这也是传统村落文化富有特色并得以保留的重要原因。

4.3 传统村落分布的经济边缘化特征

经济发展水平是影响传统村落空间规模与分布的重要因素之一。笔者以四川省、整个四川秦巴山地、含有传统村落地区、含有 10 个以上传统村落地区为统计单元，统计分析了社会经济发展各项指标与传统村落分布之间的关系。由表 3 可知，四川秦巴山地传统村落的分布与区域经济社会发展状况存在负相关关系。发现传统村落空间分布与人均 GDP 分布、城市化率总体上呈现出较强的负相关关系，与贫困率、第一产业就业人口比重呈现较强的正相关关系。经济发展水平较低的地区，经济开发程度低，城镇化进程缓慢，其他各项均值都明显低于四川省平均水平，含有传统村落数量越多的区域，社会经济发展水平越低，因而人地关系比较稳定，保留了大量原生态的传统村落。

表3　四川秦巴山地传统村落分布与经济社会发展指标关系

	人均GDP（元）	第一产业就业人口的比重（%）	贫困率（%）	城市化率（%）
四川	36775.03	38.60	5.80	47.69
四川秦巴山地	22995.08	41.82	9.41	23.76
含有传统村落的地区	22980.22	42.01	9.54	23.65
含有10个以上传统村落的地区	20236.57	44.30	11.13	17.02

4.4　传统村落分布的交通边缘化特征

4.4.1　陆运

作为一个地区发展的重要条件，交通条件在传统村落的保护过程中扮演着重要的角色。当前中国主要的客货流动通道仍是高速公路、国道、铁路等交通干线。运用ArcGIS 10.2软件平台，采用栅格分析方法对四川秦巴山地的交通干线进行可达性评价。结合区域的实际状况，设定不同类型交通道路的平均行车速度，将铁路、高速公路、国道、省道的平均行车速度分别设定为120km/h、100km/h、80km/h、60km/h。对四川秦巴山地传统村落空间分布与交通可达性进行耦合分析，发现传统村落大多分布在交通可达性相对较差的地区，传统村落空间分布与交通可达性呈现出较强的负相关关系。交通可达性较差的地区由于对外交通较为闭塞，受外界影响较小，遭受的建设性破坏和开发性破坏相对较少，从而有利于传统村落的保存与延续。

4.4.2　水运

传统村落分布与水系密切相关，水系不仅为传统村落的形成与发展提供了丰富的水资源，同时也是重要的交通廊道。四川秦巴山区水资源丰富，河网密布、水系发达，由嘉陵江干流、涪江和渠江两大支流组成，是四川省重要的生物多样性和水源涵养生态功能区。水系的上游地区传统村落数量较多，主要集中分布在嘉陵江支流东河、渠江支流巴河、通江、恩阳河等河流两侧，这些流域地形复杂多样，流经青藏高原边缘、秦巴山地，生态建设地域广、水土流失严重；而水系发达的下游地区与主河道数量较少，如涪江、渠江、嘉陵江。运用ArcGIS 10.2对区域主要河流进行缓冲区分析，主河道两侧5千米范围内传统村落数量为69个，占总数的33.5%；5千米范围以外区域传统村落数量为137个，占总数的66.5%。综上，远离主河道的地区、交通可达性较差的地区传统村落数量较多。由此可见，无论是传统的水运交通，还是现代的陆路交通，传统村落的交通边缘化特征都比较明显。

5 驱动机制

四川秦巴山地传统村落边缘化的形成原因是复杂的，包含自然地理、社会经济等内外因素的综合影响。因收益递减和自我弱化机制的影响，会不可避免地锁定这一特定路径（如技术或生产模式），由于陷入刚性专门化的陷阱而被锁定，形成路径依赖，这将对其以后的发展产生负面影响。故基于传统村落分布的边缘化特征，探讨传统村落分布边缘化的形成机理，打破边缘化的强化机制。

滞后的城市化加剧了传统村落的空间边缘化。首先，四川秦巴山地的城市群结构不完善、不稳定、空间聚合能力弱，阻碍区域分工形成和区域优势发挥。其次，中心城市能力弱，空间竞争力低。中心城市规模小，不仅对区域的辐射带动作用比较弱，不能有效组织区域经济与社会活动，还影响区域的空间竞争能力。

缓慢的经济增长直接导致传统村落分布边缘化。地理位置的相对偏僻和经济上的长期落后是传统村落分布边缘化最直接的动力因素。第一，该区域经济结构低级粗放，二、三产业发展落后，产业聚合质量差，制约了经济空间集聚的产生；第二，区域城市化水平低，贫困人口多，转型难度大，导致传统村落的发展举步维艰，区域潜在的资源优势不能转化为经济优势。

不便的交通间接促进传统村落分布边缘化。受地域组织和地理环境等的分割、限制，自成体系，成为制约边缘地区经济发展的瓶颈。交通不便，导致物品、信息、资金等生产要素的流通不畅，不利于吸引高素质人才，还会造成本地人才的大量流失，最终形成一种恶性循环。而交通被认为是一个地区经济发展的大动脉，四川秦巴山地的经济发展在很大程度上也受制于交通，交通不便间接导致传统村落分布边缘化。

6 结论

将四川秦巴山地 206 个传统村落空间分布情况，与 24 个县（区）的自然环境、经济水平、城市、交通等多方面进行比较分析，发现传统村落边缘化特征十分明显：集中分布在自然环境条件较差、经济水平落后、远离城市、交通可达性较差的地区。

目前，边缘化的传统村落数量众多，传统村落是不可再生的历史文化资源，是文明之根，其保护与发展面临自然环境、转型、经济、交通等多重困难，针对传统村落分布的边缘化特征，提出如下发展建议。

首先，应强调以保护为主，避免旅游及其他形式的"过度开发"，权衡好保护与开发的关系，在有效保护的前提下，结合传统村落边缘化特征对传统村落内历史资源和发展条件进行综合评价，发挥文化遗产的持续价值，实现将历史文化资源转变为产业的长远目标，确保传统村落建设的有序进行。

其次，打破边缘化的路径依赖，在遵循自然规律和经济规律的前提下，应充分发掘边缘效应、创造边缘效应，促使边缘效应内部化，消除区域城市间的经济束缚，实施区域联动发展，带动传统村落的经济发展；利用西部大开发、精准扶贫等国家战略契机，快速推进区域城镇化，提高区域中心城市竞争力及辐射作用，促进传统村落的发展；加强基础设施建设，完善交通道路，满足传统村落居民的生活、生存需求；同时，四川秦巴山地亦是国家重要的生物多样性和水源涵养生态功能区，是传统村落生存发展的根基，保护好当地的生态环境，是保护传统村落的关键。

四川秦巴山地地处南北转换的文化区位，既有隽秀飘逸的荆楚遗风，也有拙朴率真的巴蜀韵味，还有厚重精致的秦晋风格，其乡土建筑兼有南北方共融的特点。仅以四川秦巴山地传统村落为实证，仍未触及村落的具体文化内涵、文化环境等内容。应将村落文化属性与其分布特征研究统一起来，进一步提升对其传统村落形成机理的诠释力度。

参考文献

［1］丁建军. 中国 11 个集中连片特困区贫困程度比较研究：基于综合发展指数计算的视角［J］. 地理科学，2014，34（12）：1418 – 1427.

［2］冯骥才. 传统村落的困境与出路——兼谈传统村落是另一类文化遗产［J］. 传统村落，2013（1）：7 – 12.

［3］王云才，杨丽，郭焕成. 北京西部山区传统村落保护与旅游开发利用——以门头沟区为例［J］. 山地学报，2006（4）：466 – 472.

［4］乔迅翔. 乡土建筑文化价值的探索——以深圳大鹏半岛传统村落为例［J］. 建筑学报，2011（4）：16 – 18.

［5］祁嘉华，郑晔梅．新农村建设语境中的古村落保护与发展——以陕西为例［J］．西安建筑科技大学学报（社会科学版），2011，30（6）：36 – 41.

［6］朱桃杏，陆林，李占平．传统村镇旅游发展比较——以徽州古村落群与江南六大古镇为例［J］．经济地理，2007（5）：842 – 846.

［7］冯维波．渝东南山地传统民居文化的地域性［M］．北京：科学出版社，2016：16 – 17.

［8］吴必虎，肖金玉．中国历史文化村镇空间结构与相关性研究［J］．经济地理，2011，32（7）：6 – 11.

［9］佟玉权．基于 GIS 的中国传统村落空间分异研究［J］．人文地理，2014，138（4）：44 – 51.

［10］康璟瑶，章锦河，胡欢，等．中国传统村落空间分布特征分析［J］．地理科学进展，2016，35（7）：839 – 850.

［11］刘大均，胡静，陈君子．中国传统村落的空间分布格局研究［J］．中国人口·资源与环境，2014，24（4）：157 – 162.

［12］李伯华，尹莎，刘沛林，等．湖南省传统村落空间分布特征及影响因素分析［J］．经济地理，2015，35（2）：189 – 194.

［13］佟玉权，龙花楼．贵州民族传统村落的空间分异因素［J］．经济地理，2015，35（3）：133 – 138.

［14］梁留科，吕可文，苗长虹，等．边缘化地区特征、形成机制及对策研究：以河南省黄淮四市为例［J］．地理与地理信息科学，2008，24（5）：61 – 65.

［15］陈晓华，张小林．边缘化地区特征、形成机制与影响——以安徽省池州市为例［J］．长江流域资源与环境，2004，13（5）：413 – 418.

［16］Kastenholz, Carneiro M. J., Marques C. P., et a1. Understanding and Managing the Rural Tourism Experience：The Case of a Historical Village in Portugal［J］. Tourism Management Perspectives, 2012 (4)：207 – 214.

［17］Ahmadfa, Ammarag, Salamiahaj, et al. Sustainable Tourism Development：A Studyon Community Resilience for Rural Tourism in Malaysia［J］. Procedia – social and Behavioral Sciences, 2015 (168)：116 – 122.

［18］Charles Duyckaerts, Gilles Geodefroy. Voronoi Tessellation to Study the Numerical Density and the Spatial Distribution of Neurons［J］. Journal of Chemical Neuroanatomy, 2000 (20)：83 – 92.

洪湖东分块蓄洪区工程与经济建设协调发展不充分问题研究

彭贤则　刘　婷　夏　懿

（湖北工业大学马克思主义学院，湖北武汉，430068）

摘　要：生态文明建设旨在强调人与自然和谐共生，经济社会发展向绿色路径转型；绿色发展旨在加快构建资源节约、环境友好的生产方式和消费模式，增强可持续发展能力。洪湖东分块蓄滞洪区蓄洪工程位列由国务院确定并发布的"172 个国家重大水利工程项目"之中，因为其处理城陵矶地区超额洪水的特殊功能，它是长江中下游整体防洪体系中保障荆江大堤、武汉市防洪安全的一项重要工程设施。但是就目前情况来看，该蓄洪区还存在工程建设与经济建设不能协同发展的突出问题，对洪湖地区经济发展的促进作用甚微，因此亟待解决这一不充分、不平衡发展的矛盾，从而带动区域绿色发展、创新发展。本文通过调查研究，在分析问题的同时，也提供了几点可供参考的建议。

关键词：分蓄洪区；协调发展；洪湖

　　长江中游地区因夏秋季雨季长、雨量大，是我国较多发生暴雨的区域之一；该区域河渠纵横、湖泊星布、地势低平、人口众多、经济发达，也是我国洪涝灾害多发区域。得益于三峡工程巨大的调蓄能力，长江中下游的防汛形势有了很大改善，但是位于中游的城陵矶附近的防洪形势仍然较为复杂，其严重滞后的蓄洪工程建设，使之成为长江防洪体系最薄弱的环节之一。据专家测算，如遇 1998

　　作者简介：彭贤则（1964—），湖北工业大学马克思主义学院教授、副院长，邮箱：407732051@qq.com；刘婷（1993—），湖北工业大学马克思主义学院研究生；夏懿（1994—），湖北工业大学马克思主义学院研究生。

年型洪水，城陵矶附近无法处理的超额洪水达到了约100亿立方米。因此，1999年，作为妥善处理这些超额洪水的重要工程，洪湖东分块蓄洪区开始规划建设，并于2014年被国务院纳入172项国家重大水利工程之一。

1 洪湖东分块蓄洪区的概况

东分块、中分块和西分块三个分块方案依据洪湖分蓄洪区的地理位置条件而被拟定，其中位于洪湖分蓄洪区东部的是洪湖东分块蓄洪区——具体位置在湖北省荆州洪湖市境内。该工程由腰口隔堤、洪湖监利长江干堤、东荆河堤、洪湖主隔堤围成封闭圈，围堤总长155千米，蓄洪区总面积883.62平方千米，设计蓄洪水位32.50米（冻结基面），有效蓄洪容积61.86亿立方米。

洪湖东分块蓄洪工程建成后，在有效保护荆江大堤及武汉市安全的基础上，还将有利于改善洪湖市水利、交通等基础设施，使洪湖市城镇化的进程加快，最终有益于洪湖市整体发展水平的提升。

但是，洪湖东分块蓄洪区也存在现行建设、管理与实际需求不相适应的问题，需要进一步优化结构，提高综合建设效率。

2 洪湖东分块蓄洪区工程与经济建设协调发展存在的问题

2.1 工程管理体制仍待完善

2.1.1 管理体制落后

目前，洪湖分蓄洪区分别由长江水利委员会、洪湖地方政府的水行政主管部门，以及其他管理部门和专业管理部门承担不同领域的管理职责。一方面，各部门的管理目标不完全一致，"分兵把守"容易导致各部门利益的冲突，在相关事项的法律规定不明确的情况下，容易导致管理中权责不分、相互推诿等现象。另一方面，分蓄洪区的管理通常不仅是单一部门、单一地区的事情，对管理的综合协调能力要求很高，但是，在该管理体制下，没有合理的协调机制使各有关部门齐心协力共同应对防洪蓄水、经济发展，生态保护和环境治理，以及区内、区外各种关系等问题。显然，这种缺乏统筹规划的管理体制已经与新时期经济发展更加迅猛、治理情况更加复杂多变的分蓄洪区综合管理要求不相适应。

2.1.2　工程设施老旧

目前，四十多年前建成的早期的洪湖分蓄洪区工程构成了洪湖东分块蓄洪区内的防洪体系，因此，从总体上来看，分蓄洪区内的工程建设严重滞后，建设资金、基础设施建设标准达不到规划要求，较多工程未实施，设施、设备不完善，再加之运行多年，工程设施运行状况良莠不齐，难以满足长江防汛的紧张局势。上述原因直接导致"蓄洪工程"不能充分发挥其调蓄洪水的工程效益，同时，由于巨大的工程维修养护工作量，工程管理费用严重短缺，工程运转不畅，日常管理的难度大，区内防洪安全无保障。

2.1.3　工程占地宽广

长江中下游分蓄超额洪水容积最大的分蓄洪区正是洪湖分蓄洪区，洪湖分蓄洪区工程占地面积大，跨越市区多，破坏水系严重，移民拆迁影响范围广。该分蓄洪区不仅要完成大量洪水的处理、消化任务，还承担着促进经济发展的作用，是一个十分复杂且特殊的系统。防洪的任务是其一，保障当地经济社会发展的任务是其二。因此洪湖分蓄洪区的管理工作任务繁重，管理难度巨大。

2.1.4　相关法律不够完善

洪湖东分块蓄洪区蓄洪任务重、跨度广，需要根据其特点"私人订制"出适用的针对蓄洪区工程管理的各类法规和政策体系。现行的各级法规制度还很不完善，缺乏对社会经济行为具有法律效力的具体规定。洪湖东分块蓄洪区所在地各级政府缺少具体的配套法规和制度，部分已有的政策也存在操作困难的情况，不能起到较好地促进各种经济社会活动的作用，也达不到有效减少和规避洪水风险的目的。

2.2　经济建设方式需要转型

在1972年冬，洪湖分蓄洪区一期工程开工建设之时，全区内的人民群众便为确保荆江大堤的稳定和武汉市的防洪安全及经济发展，肩负起了牺牲小我利益换取大我利益的光荣任务。但是，其自身经济社会的发展因为分蓄洪区工程建设和随时准备分洪运用等因素的影响，受到了严重制约，社会生产总值远远落后于分蓄洪区外的其他地区，并不是"贫困地区"，却困难于"贫困地区"，处境很艰难。

2.2.1 经济社会发展受限

洪湖东分块蓄洪区地理位置和武汉相距不远，在武汉市把汉南区划归沌口后，洪湖东分块蓄洪区离武汉的中心城区也就越来越近，有极好的区位优势，易于受到经济的辐射影响。但是，一方面，到目前为止，武汉城市圈范围并没有将洪湖涵盖其中，洪湖的制度性壁垒明显高于其他邻近武汉的城市，区位优势难以发挥。另一方面，由于天然蓄水池的地势条件，其也成为保护武汉免受洪水风险的防洪屏障，属于重点限制发展区的洪湖，在国家投入少、没有重大项目，招商引资难、亏本风险高，人才吸引弱、没有好的就业平台的同时，该地农业生产基础差，分蓄洪基础建设投资过大，交通闭塞，导致经济发展十分缓慢。例如，通过多年努力于2012年8月动工兴建的洪监高速公路，为满足分洪运用时高速公路的运营和救生抢险车辆、船只的通行，不得不将分洪区内的高速公路基础改为高架桥，其结果是增加投资20多亿元，现洪监高速公路虽艰难起步，但资金短缺，建设工作十分困难，导致建设进程不得不时建时停。

2.2.2 经济社会发展无序

多年来，对洪湖东分块蓄洪区的地位、作用认识不一，对洪湖东分块蓄洪区建设与管理重视程度不高，导致洪湖东分块蓄洪区社会管理工作意识十分薄弱。洪湖东分块蓄洪区缺乏统筹规划效果明显的管理体制，本应由政府主导的产业结构优化升级没有起到实质性的作用，加之管理力度较弱，洪湖东分块蓄洪区内经济的发展受阻。同时，存在盲目开发和建设、人口增长过快、区内人口自然增长率远大于周边地区等不利于分蓄洪区可持续发展的现象，致使洪湖东分块蓄洪区启用的计划屡被搁置。

2.2.3 可利用的倾斜政策少

第一，由于分蓄洪区随时准备分蓄洪的职能定位，国家针对蓄滞洪区建设出台的多数是限制发展的政策，导致支撑分蓄洪区经济社会快速发展的政策资源较少。第二，虽然国务院相关各部委对分蓄洪区的问题有所兼顾，但基本上都是从自身行业出发的，或带有明显的行业特点，思路与措施缺少综合与衔接，对分蓄洪区综合发展的指导性不强。第三，地方性法规规章不够完善，其中具有较强针对性和可操作性的条款较少。既缺乏相应的财政转移支付政策，又缺乏相应的税收优惠政策，还缺乏相应的产业引导发展政策。洪湖分蓄洪区所在的洪湖市和监利县不仅是分蓄洪区，还是著名的革命老区，但是洪湖东分块蓄洪区作为优先泄洪区，既没有享受国家对革命老区的有利政策，也没有在经济发展长期受到制约的情况下享受到制度补贴。1996年，由湖北省人大常委会制定的分蓄洪区财政补偿和义仓粮返回等优惠政策出台，但是，可惜的是，洪湖分蓄洪区所在的县、市不在享受相关优惠政策的范围内。随着2005年农村税费的改革，农业税减免后，分蓄洪区与其他地区在国家政策方面趋于一致，而在税费减免等方面也没有享受相应的政策。分蓄洪区是战略防洪储备工程，选择"限制"还是选择"发展"的矛盾是一直存在的，在此情况下，并没有相应的产业引导发展机制来解决矛盾。

2.2.4 城镇化建设难度较大

为保障行洪安全，国务院和长江水利委员会对洪湖分蓄洪区城镇建设做了特定限制，分蓄洪区城镇化束缚多、成本高、难度大。虽然洪湖分蓄洪区在一、二期工程的建设下，已初具规模，但安全运用的程度仍达不到要求。洪湖东分块蓄洪区建设不仅要改善当地居民生产生活条件，而且要兼具分蓄洪功能，因此，当地城镇化规划建设与蓄洪工程建设融为一体，城镇化成本相对较高，城镇化的难度较大。洪湖东分块蓄洪区内呈现居住分散、产业结构单一、城镇基础设施和蓄洪工程建设滞后等特征。而且，由于分蓄洪区工程的建设，区内四处挖沟筑堤、建安全区，使原有水系一而再、再而三地遭受破坏，平坦完整的田地被弄得四分五裂，打破了区内的原有格局，增加了规划建设的难度。

2.3 工程管理和社会经济建设之间协调性不足

地方政府关心的是社会经济发展问题，分蓄洪区管理部门关心的是洪水防治问题，两者之间存在很大的矛盾。由于分蓄洪区管理部门和当地政府其他部门之间协调性不足，存在管理手段弱化的问题，致使执行力不强，导致分蓄洪区建设管理不规范，违规、违章行为频发。例如：主隔堤违章建筑和强耕乱种现象根本无法断绝；分蓄洪区内大型基础建设由地方政府审批即可通过，而按照《湖北省分蓄洪区建设管理条例》规定，分蓄洪区内大型基础建设必须报分蓄洪区管理部门审批通过才能运行，这导致无法对影响防洪工程的建设实施有效监控。

客观存在的上述问题严重制约分蓄洪区适时、适量运用，也影响分蓄洪区的经济与社会协调发展。

3 洪湖东分块蓄洪区工程与经济建设协调发展的建议

3.1 建立统一综合管理机构

蓄洪区的管理应有全局观意识，应将河道、堤防，以及有关环境设施的管理集中于一个机构，并与其他机构合作，实现蓄洪区管理的一体化。在现有的管理架构和体制的基础上，进一步通过机构建设，加强分蓄洪区的综合协调管理职能，从不同层级设立相应的分蓄洪区管理小组，把流域规划、防洪减灾规划、生态环境规划、分蓄洪区总体规划和地方的城镇规划、土地利用规划等进行有效衔接，实现多规合一的目标。建立统一综合的管理机构，有利于强化社会管理、提高公共服务质量，最终实现分蓄洪区社会经济的可持续发展。

3.2 提高工程管理效率

3.2.1 从以工程措施为主向工程措施和非工程措施相结合转变

多数国家从防洪减灾、保护和改善洪泛区自然资源相结合的观点出发，设立未来防洪减灾的目标，工程建设中注重加强提前规划、设计的作用，建设有利于人与自然良性互动的工程体系，最大限度地保护生态环境的良好。并通过将工程措施与法律手段、行政手段、经济手段、技术手段有机结合的方式，有效限制对洪泛区的不合理开发，迁移处在高风险区中的居民，努力消除对生命、财产和环境的威胁，从而在满足整体与长远的防洪利益的同时，又能降低对短期利益的损害，保证重要基础设施的安全和区域经济的发展。

3.2.2 从单纯的政府行为向政府与社会各阶层相互配合的社会化管理转变

在群众中教育普及基础的水灾知识，树立并加强防洪思想，加大社会广大阶层联动防灾的自觉性。群众只有充分认识和了解洪水的属性，才能自觉地在经济上负担水灾责任、行为上遵守防洪政策，才能充分发挥社会效益，实现全社会的安全保障。所以管理部门应当积极转变处理风险单纯地靠政府行为的做法，引导社会各界广泛参与。

3.2.3 转变洪水管理形式

防洪思想需要从"控制洪水"转变为"管理洪水""人水和谐"的新观念。一方面，需要增强对洪水风险和损失的承受力；另一方面，要强化蓄洪区的自然生态的功能。要把蓄洪区作为流域这个大生态系统中的一部分，提高对蓄洪区的人文、历史及生态价值的认识，并使之不断增强。在一切与蓄洪区有关的行动中，要同时考虑社会与环境两大因素，应修改或重新制定保护及改善蓄洪区和流域环境的各类规划，以加快改善生物生存环境的步伐。

3.2.4 建立完善具有针对性的法律体系

当前，分蓄洪区的建设管理存在涉及环节多、跨越部门地区广、区内区间关系复杂、疑难问题不好解决等问题，新时期的时代特点也对分蓄洪区建设管理的思路、目标与任务提出了新的要求。因此，在法律体系的完善方面，应该以国务院转发的部门大纲或意见为依据，在国家政策框架内，注重根据当地特色优势，研究制定相应的建设和发展条例，探索一种可推广的经验模式，争创政策、法规先行试点。

3.2.5 拓宽居民创收渠道

洪水是一种宝贵的、可利用的淡水资源，汛期洪水在造成灾害的同时，其作为有利资源的特性理应得到开发利用。转变分蓄洪区建设和发展理念，从传统的蓄洪区单一功能转变为以蓄洪区为主的多元发展模式，因地制宜，科学规划，突出其净化水质、自然景观、休闲游憩、特色养殖等功能，充分利用洪水资源，尽最大可能变洪水之"害"为资源之"利"，蓄泄并重，搭建产业发展平台，研究探索各上级政府政策资源、国内外各类民营企业资源等各类渠道，创新整合模式，增加当地居民福祉、维持社会稳定，达到人与自然和谐发展。洪湖东分块蓄洪区应充分发挥政府宏观调控、市场引导的作用，通过建立财税、行政、金融等多种优惠扶持政策，调整区内产业结构，使之适应洪湖东分块蓄洪运用的要求。结合社会主义新农村建设，增加对安全设施、产业开发、教育、交通、卫生等方面的投入。

参考文献

[1] 彭贤则，袁君丽. 洪湖分蓄洪区建设环境影响分析 [J]. 价值工程，2016，35（28）.

[2] 伍娇娇.《建筑工程计量与计价》课程的"四位一体"式教学改革实践 [J]. 价值工程，2016，35（28）.

［3］蔡莉．洪湖东分块蓄洪工程的社会影响评价——基于洪湖东分块蓄洪区社会经济发展的调查［J］．湖北工业大学学报，2016，31（3）．

［4］彭贤则，周子晨．分蓄洪区生态补偿机制研究：以洪湖分蓄洪区为例［J］．中国矿业，2015，24（S1）．

［5］于妍．生态文明建设视域下绿色发展研究［D］．哈尔滨理工大学硕士学位论文，2014．

［6］万谦．基于GIS/RS湿地防洪功能分析及防洪体系的构建——以洪湖为例［D］．华中师范大学硕士学位论文，2013．

［7］方民．对洪湖分蓄洪区东分块蓄洪工程的思考［J］．中国防汛抗旱，2012，22（4）．

［8］聂世峰，关洪林．湖北省分蓄洪区建设与管理的对策建议［J］．中国水利，2008（15）．

［9］徐国新，陈良柱．城陵矶100亿 m^3 蓄滞洪区建设方案研究［J］．人民长江，2006（9）．

［10］朱勤，谈昌莉，刘晖．长江流域防洪规划经济效益分析［J］．人民长江，2006（9）．

新时代县域经济高质量发展研究

刘国斌　杨富田

（吉林大学生物与农业工程学院，吉林长春，130012）

摘　要： 新时代县域经济实现高质量发展的实质是县域经济由不平衡、不充分发展向高效、集约、公平、均等化发展转轨的过程，这是一个长期的系统工程，其发展具有重要的理论和现实意义。新时代县域经济高质量发展是实现乡村振兴的必然要求、是加快城乡全面融合发展的必然选择、是深入推进新型城镇化建设的必经之路，能够促进县域经济转型升级，产业结构优化调整以及发展动力实现新旧转化，对提升县域经济综合发展质量和效益具有重要战略意义。此外，县域经济发展水平不断提升，县域公共服务水平持续增强以及城乡居民收入差距逐渐缩小为解决城乡不平衡、不充分发展问题，推进县域经济高质量发展提供了可行性。基于此，本文提出了新时代县域经济高质量发展的实现路径，即推进县域经济发展新旧动能转换，健全县域经济发展体制机制，加强高素质人才队伍建设，加快不同县域地区之间的对接和合作，旨在为推进新时代县域经济实现高质量发展提供助力。

关键词： 县域经济；高质量发展；新时代

作者简介：刘国斌（1963—），男，吉林长春人，经济学博士，吉林大学生物与农业工程学院教授，研究方向为区域经济理论与县域经济实践、县域产业结构与布局、新型城镇化与县城发展；杨富田（1990—），男，甘肃陇南人，博士研究生，研究方向为区域经济理论与实践。

基金项目：国家社科基金项目"新型城镇化进程中县城的突出作用与发展机制研究"（项目编号：14BJL122）。

1 问题的提出

随着我国经济发展进入新时代，社会主要矛盾的转变成为推进县域经济由不平衡、不充分发展向高质量发展转型的推力，高质量作为县域经济发展的重要趋势对今后县域经济转型升级提出了新要求。新时代县域经济高质量发展既是顺应时代发展的趋势，又是县域经济转型升级的必然选择。党的十九大报告更是提出了实施乡村振兴战略、建设现代化经济体系的重要战略内容，对推进县域经济高质量发展具有重要作用。因此，本文以新时代县域经济高质量发展为研究对象具有重要意义。

国外学者关于县域经济发展的理论研究起步较早，刘易斯（1954）提出了二元经济结构理论。拉尼斯和费景汉（1961）则深化了二元经济结构理论，构建了"拉尼斯—费景汉"模型。基于此，托达罗（1970）提出了城乡人口流动模型，强调发展中国家应该把更多的资金用于乡村社会经济发展，提升乡村生产生活条件，提高农民收入及生活质量，进而缩小城乡差距。以刘易斯为代表的学者基本上都认同城市与乡村发展的最终结果是要使城乡达到更高层次的融合。佩鲁（1955）提出了增长极理论，认为增长以不同的强度首先出现在一些增长极上，并对整个社会经济发展产生不同的影响。弗里德曼（1996）则进一步提出了"核心—边缘"理论，阐述了核心区与边缘区如何形成平衡发展的区域系统的作用。以佩鲁为代表的学者普遍认为经济发展要从中心城市开始，通过市场机制和政府作用的发挥，逐步扩散到乡村地区，最终消除城乡差异。这些理论都为新时代县域经济实现高质量发展打下了坚实基础。

结合国外学者研究成果，国内学者对县域经济研究也有所突破。关于县域经济发展的机制，张里阳（2015）认为推进县域经济发展必须要构建以县域经济发展为引导的培训机制。王静（2018）认为构建县域经济与农业产业联动机制是推进县域经济更快更好发展的重要内容。关于县域经济发展的模式，孙久文等（2018）认为全域城市化的发展模式为县域经济发展提供了新的契机。卢刚（2016）提出了特色产业带动模式、生态绿色发展模式、综合功能提升模式、全面创新引领模式等大城市周边镇域经济发展的模式。关于县域经济发展的思路与对策，闫坤和鲍曙光（2018）从理念、技术、制度层面提出了县域经济未来发展的方向与对策。李庆珍（2017）认为县域经济发展应该融入分工体系，划分层次进行梯度开发，不断完善县域经济发展的体制机制。

此外，对县域经济发展的意义与作用的研究也为完善县域经济理论打下了基础。国内外学者有关县域经济发展的研究主要聚焦于对县域经济发展的理论、机制、模式、思路与对策等方面，国外学者的研究主要偏向于从区域经济理论视角对县域经济发展进行研究，国内学者对县域经济的研究则更偏向于理论与实践的结合研究，对于县域经济发展理论与实践创新具有积极作用。但就新时代县域经济如何推进，如何解决县域经济发展的不平衡不充分之矛盾等方面研究尚有欠缺，尤其是对新时代县域经济高质量发展的思路与对策研究更是当前我国经济转型关键期的重点研究内容，是未来县域经济转型发展的重中之重。基于此，本文在借鉴国内外学者已有研究成果基础上，以区域经济学理论为视角，紧紧围绕新时代新发展理论思想，剖析县域经济高质量发展的科学内涵、必要性、现实基础、发展难题以及发展的思路和对策，旨在推进县域经济实现高质量发展。

2　新时代县域经济高质量发展的科学内涵

如何实现县域经济高质量发展是新时代我国县域经济转型调整面临的重要命题，研究这个命题的先决条件是要对新时代县域经济实现高质量发展的内涵及其内在要求精准把握，只有厘清什么是县域经济高质量发展以及新时代县域经济实现高质量发展的内在要求，才能更好地推进县域经济实现高质量发展。

所谓县域经济高质量发展，其实质就是随着社会主要矛盾的变化，县域经济由不平衡不充分发展阶段向基本公共服务逐步均等化、要素资源自由平等流动、城乡差距持续缩小的高效、集约、绿色、协调、创新、开放、共享的高质量发展阶段转变，就是县域经济结构转型、动力转换、质量变革的过程。

基于此，本文认为县域经济高质量发展的实质就是在县域空间范围内实现经济结构转型调整、动力新旧转换、效率持续提升，质量不断变革的经济发展过程。相较于新时代前的县域经济发展，新时代后县域经济发展则围绕创新、协调、绿色、开放、共享的理念不断提升县域经济发展质量和效益，推进县域经济实现生态社会经济效益共赢，进而实现县域经济由不平衡不充分的低水平低质量发展阶段向高质量发展阶段转型升级，这也是新时代县域经济实现高质量发展的应有之义。以下结合“五位一体”发展理念以及新时代发展理念对新时代县域经济高质量发展的科学内涵进行分析（见表1）。

表1　新时代县域经济高质量发展的内涵框架

	内涵	不同层面	具体内容
新时代县域经济高质量发展的内涵框架	创新驱动	经济层面	产业结构优化、资源配置效率、技术创新、经济产值、研发投入等
		社会层面	劳动力就业增收、民生事业发展等
		文化层面	企业文化创新、文化产业创新、县域文化重塑等
		生态层面	产业发展环境创新、居民生产生活环境创新等
		政治层面	政府制度创新等
	协调驱动	经济层面	产业协调、城镇化与乡村振兴协调发展等
		社会层面	城乡教育、城乡医疗卫生服务、城乡社会保障等
		文化层面	城乡文化融合、城镇化发展水平等
		生态层面	经济与生态效益共赢、城乡生态环境建设等
		政治层面	城乡规划对接、城乡制度融合等
	绿色驱动	经济层面	绿色经济、绿色产品、绿色投入、绿色金融等
		社会层面	企业绿色技术研发、社会组织的监督管理
		文化层面	绿色人文发展、绿色强县文化战略等
		生态层面	县域环境保护、防污治理等
		政治层面	绿色标准制定、生态环境保护政策与制度等
	开放驱动	经济层面	县域之间产业转移、吸引外企投资、对外贸易、放宽部分领域的外资准入限制等
		社会层面	企业对接、社会组织对接等
		文化层面	县域文化交流合作、对外人文交流等
		生态层面	生态园区共建、县域绿色工程建设招标等
		政治层面	县（市）战略规划对接、对外招商引资、跨地区跨境政府合作等
	共享驱动	经济层面	共享经济发展、城乡产业融合、闲置资源的高效率利用、城乡居民收入缩小等
		社会层面	基本公共服务共享、社会发展成果共享等
		文化层面	城市工业文明和农村农业文明的融合、知识共享、共享文化理念宣传等
		生态层面	城乡环境信息共享、环境资源共同保护等
		政治层面	政策共享、共享发展体制机制建设等

如表 1 所示，新时代县域经济高质量发展的内涵包括：县域经济创新驱动发展、县域经济协调驱动发展、县域经济绿色驱动发展、县域经济开放驱动发展以及县域经济共享驱动发展五个维度，以下具体剖析：

一是县域经济创新驱动发展。从经济层面看，主要包括县域产业结构优化调整、资源配置效率不断提升、技术不断创新、经济产值和研发投资持续增加等内容。从社会层面看，县域创新驱动主要体现在带动劳动力就业增收、民生事业不断创新发展等方面。从文化层面看，县域创新驱动的内容主要体现在企业文化创新、文化产业创新、县域文化重塑等方面。从生态层面看，县域创新驱动的内容主要有产业发展环境创新、居民生产生活环境创新等。从政治层面看，县域创新驱动的内容主要体现在政府制度创新层面，包括就业制度、户籍制度、产业发展制度等方面。

二是县域经济协调驱动发展。从经济层面看，县域协调驱动发展主要体现在产业协调、城镇化与乡村振兴协调驱动发展等方面。从社会层面看，县域协调驱动发展主要体现在城乡教育、城乡医疗卫生服务、城乡社会保障等协调发展。从文化层面看，县域协调驱动发展主要体现在城乡文化融合进程不断加快、城镇化发展水平持续提高等方面。从生态层面看，县域协调驱动发展主要体现在经济与生态效益共赢、城乡生态环境建设等方面。从政治层面看，县域协调驱动发展内容主要体现在城乡规划对接、城乡制度融合等方面。

三是县域经济绿色驱动发展。从经济层面看，县域绿色驱动发展的内容包括绿色经济持续发展、绿色产品体量不断增加、绿色投入持续加大、绿色金融快速发展等方面。从社会层面看，县域绿色驱动发展主要体现在企业绿色技术研发力度不断加大、社会组织的绿色监管等方面。从文化层面看，县域绿色驱动发展的内容应该包括绿色人文发展、绿色强县文化战略、绿色驱动发展理念引领等方面。从生态层面看，县域绿色驱动发展体现在县域环境保护、防污治理等方面。从政治层面看，县域绿色驱动发展主要体现在绿色标准制定、生态环境保护政策与制度等方面。

四是县域经济开放驱动发展。从经济层面看，县域经济开放驱动发展主要体现在县域之间产业转移、吸引外企投资、对外贸易、放宽部分领域的外资准入限制等方面。从社会层面看，县域开放驱动发展主要体现在企业对接、社会组织对接等方面。从文化层面看，县域开放驱动发展主要体现在县域文化交流合作、对外人文交流等方面。从生态层面看，县域开放驱动发展主要体现在生态园区共建、县域绿色工程建设招标等方面。从政治层面看，县域开放驱动发展主要体现在县（市）战略规划对接、对外招商引资、跨地区跨境政府合作等方面。

五是县域经济共享驱动发展。从经济层面看，县域经济共享驱动发展主要体现在共享经济发展、城乡产业融合、闲置资源的高效率利用、城乡居民收入缩小等方面。从社会层面看，县域经济共享驱动发展主要体现在基本公共服务共享、社会发展成果共享等方面。从文化层面看，县域经济共享驱动发展主要体现在城市工业文明和农村农业文明的融合、知识共享、共享文化理念宣传等方面。从生态层面看，县域经济共享驱动发展主要现在城乡环境信息共享、环境资源共同保护等方面。从政治层面看，县域经济共享驱动发展主要体现在政策共享、共享发展体制机制建设等方面。

3 新时代县域经济高质量发展的必要性

新时代县域经济高质量发展是实现乡村振兴的必然要求，是加快城乡全面融合发展的必然选择，是深入推进新型城镇化建设的必经之路，因而，县域经济实现高质量发展十分必要。

3.1 实现乡村振兴的必然要求

新时代县域经济实现高质量发展就必须要解决"三农"问题，推进乡村振兴，从而把乡村经济发展和城市经济发展放在同等位置，实现城乡要素资源由"单向"向"双向"自由平等交换，城乡基本公共服务由不均等向均质化转变，城乡收入差距持续缩小。基于此，不断推进农业农村现代化进程，促进城乡全面融合发展。特别是随着县域经济持续发展，农业产业结构持续优化，体量不断增加，农民收入和消费水平也不断提升，这为推进县域经济向高质量发展转变奠定了良好基础。从 2014～2016 年农村经济指标情况来看（见表2），2016 年农林牧渔总产值达到 112091.3 亿元，同比增加 4.7 个百分点，较 2014 年增长了 9.7 个百分点；2016 年农林牧渔业增加值为 65967.9 亿元，同比增长 4.9 个百分点，较 2014 年增加了 9.7 个百分点；2016 年农村居民人均可支配收入为 12363.4 元，同比增长 8.2 个百分点，较 2014 年增加了 17.9 个百分点；2016 年农村居民人均消费支出 10129.8 元，同比增加 9.8 个百分点，较 2014 年增加了 20.8 个百分点。这些数据也能够反映出随着我国县域经济由不平衡不充分向高质量发展转轨，农村经济发展得到进一步提升，对于乡村振兴起到了重要作用。因此，从这个层面看，新时代县域经济实现高质量发展是推进乡村振兴的必然要求。

表2 2014～2016年农村经济部分主要指标情况

指标 \ 年份	2014	2015	2016
农林牧渔业总产值（亿元）	102226.1	107056.4	112091.3
农林牧渔业增加值（亿元）	60158	62904.1	65967.9
农村居民人均可支配收入（元）	10488.9	11421.7	12363.4
农村居民人均消费支出（元）	8382.6	9222.6	10129.8

资料来源：根据2017年《中国农村统计年鉴》整理。

3.2 加快城乡全面融合发展的必然选择

新时代县域经济实现高质量发展推进县域经济结构转型升级，发展方式创新，发展动力转变的新趋势新思路，这一发展阶段的转变必然会实现城乡关系的进一步重塑，城乡要素资源实现双向流动，基本公共服务均等化，进而推进城乡社会经济文化等全面融合发展，这也是深入推进县域经济发展的重要内容。一是新时代县域经济实现高质量发展推进城乡经济实现融合发展。通过县域经济实现高质量发展能够进一步加快推进城乡产业间融合发展，从而形成新的县域经济发展增长点，助推县域经济发展。二是新时代县域经济实现高质量发展助力城乡社会实现融合发展。通过县域经济实现高质量发展，能够进一步加快城乡基本公共服务的均等化；农民的身份转变；城乡生活理念及生活方式的有机融合；城乡贫富差距的缩小及城乡居民生活质量提升等方面，从而推进城乡社会融合，如2018年我国农村网络零售销售额已经达到1.37万亿元，农产品网络零售额为2305亿元，较2017年增长了33.3个百分点，农村电商发展迅猛，转变了农村居民的生产生活方式，加快了城乡融合步伐。三是新时代县域经济实现高质量发展促进城乡文化实现融合发展。通过县域经济实现高质量发展能够助推城乡文化融合发展，实现城市文化下乡进村，农村文化进社区进城，进而为文化强县提供有力支撑。从这些层面看，新时代县域经济实现高质量发展是加快城乡全面融合发展的必然选择。

3.3 深入推进新型城镇化建设的必经之路

新时代县域经济实现高质量发展是深入推进新型城镇化建设的必经之路。首先，新时代县域经济实现高质量发展能够促进人口集聚，进一步拓宽城镇人口就业规模。县域经济实现高质量发展就必须发展非农产业，这是加快新型城镇化建设的重要标志，也是吸引农村劳动力向城镇地区转移就业，满足县域经济发展的劳动力需求，实现县域人口集聚和产业集群发展的重中之重。数据显示，2018年城镇就业人员43419万人，乡村就业人员34167万人，与2017年相比，城镇就业人员增加2.3个百分点，乡村就业人员减少2.9个百分点，农村劳动力向城市地区转移就业的速度在逐渐加快；此外，2017年第一产业就业人员达到20944万人，第二产业就业人员21842万人，第三产业就业人员34872万人，与2016年相比，第一产业就业人员减少2.56个百分点，第二产业就业人员减少2.35个百分点，第三产业就业人员增加3.3个百分点，随着县域经济的持续发展，劳动力由第一产业向第二产业、第三产业转移，这符合配第—克拉克定理的特征。其次，新时代县域经济高质量发展能够加快其社会保障和公共服务建设，进一步促进以人民为中心的县域社会经济发展。再次，新时代县域经济实现高质量发展能够完善城镇产业体系和功能体系，提升城镇发展质量。最后，新时代县域经济高质量发展能够加快推进城镇发展方式转型升级，促进城镇健康协调持续发展。因此，从这些方面来看，新时代县域经济实现高质量发展是加快新型城镇化建设的必经之路。

4 新时代县域经济高质量发展的可行性

县域经济由不平衡不充分发展向高质量发展阶段转变是新时代县域经济发展的方向，而县域经济发展水平不断提升，县域公共服务水平持续增强以及城乡居民收入差距逐渐缩小为解决城乡不平衡不充分问题，推进县域经济高质量发展提供了可行性。

4.1 县域经济发展水平持续提升

县域产业结构持续优化提升了县域经济发展活力和潜力，有助于推进县域经济协调、融合、健康、集聚发展，从而实现县域经济充分发展，缓解城乡不平衡不充分之矛盾，这为推进县域经济高质量发展提供了基础和保障。数据显示[①]：2016 年全国公共财政收入 10 亿元以上的县（市）有 737 个，5 亿～10 亿元的县（市）540 个，1 亿～5 亿元的县（市）670 个，1 亿元以下的县（市）132 个，与 2015 年相比 10 亿元以上的县（市）增加了 6.3%，其他公共财政收入级别的县（市）分别降低 0.92%、5.2%、1.5%，从这个数据来看，10 亿元公共财政收入以上的县（市）规模不断提升，县域经济发展水平整体上呈现上升趋势。从三次产业结构变化情况来看，2016 年 1 亿元公共财政收入的县（市）的三产结构比为 25.2∶31.5∶43.3，与 2015 年相比，第一产业降低 0.5 个百分点，第二产业增加 2.9 个百分点，第三产业降低 2.4 个百分点；2016 年 1 亿～5 亿元公共财政收入的县（市）三产结构比为 24.0∶38.4∶37.6，与 2015 年相比，第一产业降低 0.6 个百分点，第二产业降低 1.2 个百分点，第三产业增加 1.8 个百分点；2016 年 5 亿～10 亿元公共财政收入的县（市）三产结构比为 19.8∶42.7∶37.5，与 2015 年相比，第一产业降低 0.1 个百分点，第二产业降低 1.6 个百分点，第三产业增加 1.7 个百分点；2016 年 10 亿以上公共财政收入的县（市）三产结构比为 9.9∶50.6∶39.5，与 2015 年相比，第一产业增加 0.1 个百分点，第二产业降低 1.7 个百分点，第三产业增加 1.6 个百分点，从总体的县域产业结构比来看，2016 年县域产业结构比为 13.4∶47.7∶38.9，与 2015 年相比，第一产业降低 0.3 个百分点，第二产业降低 1.4 个百分点，第三产业增加 1.7 个百分点。这些数据也直接或间接反映出我国县域产业结构不断优化，县域经济发展重心在向二三产业转移，而随着县域非农产业的持续升级，对于加快农民转移就业等提供了积极助力，也为推进县域经济高质量发展提供了可能。

4.2 县域公共服务水平持续增强

县域公共服务水平持续增强为解决城乡基本公共服务均等化，提高城乡教育医疗社会保障等福利待遇，加快县域社会经济和谐健康发展提供了保障，也是推进县域经济高质量发展的基础。表 3 数据显示，2016 年我国县域地区小学、普通中学以及中职学校在校学生数 12125.6 万人，同比增长 0.14%，县域地区医疗卫生机构床位数 3993476 张，同比增长 5.73%，各种社会机构床位数 37276 张，同比增长 0.61%，各种社会福利收养性单位床位数 3489600 张，同比增长 2.35%，

---

① 参考 2016 年和 2017 年《中国县域经济统计年鉴》县（市）卷资料整理。

这些数据也直接或间接表明，我国县域地区教育、医疗卫生及社会保障等基本公共服务水平在不断增加，这有助于加快城乡基本公共服务均等化进程，解决城乡不平衡问题，为县域经济高质量发展提供了基础。

表3　2015～2016年县域公共服务情况

类别	2015年	2016年	增速（%）
小学、普通中学，中职学校在校学生数（万人）	12108.8	12125.6	0.14
医疗卫生机构床位数（张）	3776977	3993476	5.73
各种社会机构床位数（张）	37050	37276	0.61
各种社会福利收养性单位床位数（张）	3409356	3489600	2.35

资料来源：根据2016年和2017年《中国县域经济统计年鉴》县（市）卷资料整理。

4.3　城乡居民收入差距逐渐缩小

城乡居民收入差距逐渐缩小有助于解决城乡不平衡问题，为新时代县域经济高质量发展提供基础。数据显示①，2017年我国城镇居民人均可支配收入达到36396元，同比增加8.3%，与2013年相比增加了37.5%，城镇居民可支配收入持续增加；农村居民人均可支配收入2017年达到13432元，同比增加8.6%，与2013年相比增加了42.4%，从年平均增速情况来看，2014～2017年城镇居民人均可支配收入年平均增速为8.29%，农村居民人均可支配收入年增速为9.25%，农村居民的人均可支配收入年增速比城镇居民人均可支配收入的年增速高了0.96个百分点；从城乡居民人均可支配收入之间的比值情况来看，如图1所示，2017年城乡人均收入比为2.71，与2016年相比降低了0.01，与2013年相比降低了0.1，这些数据也直接或间接反映出我国城乡居民收入差距在呈现逐渐缩小趋势，农村居民收入水平不断增加，有助于提高其生活质量和消费水平，进而推进县域经济高质量发展。

---

① 根据国家统计局数据和2013～2017年国民经济统计公报数据整理。

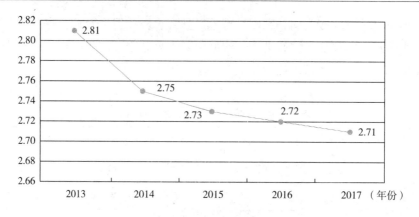

图 1　城乡居民人均可支配收入之比

资料来源：根据国家统计局数据和 2013～2017 年国民经济统计公报数据整理。

5　新时代县域经济高质量发展的实现路径

结合前文分析，以下对新时代县域经济高质量发展的实现路径进行具体剖析，主要包括：推进县域经济发展新旧动能转换，健全县域经济发展体制机制，加强高素质人才队伍建设；加快不同县域地区之间的对接和合作，据此推进县域经济高质量发展。

5.1　推进县域经济发展新旧动能转化

推进县域经济发展新旧动能转化需要创新县域经济发展新模式、培育县域经济发展新产业。一方面，要创新县域经济发展新模式，借助互联网、大数据等现代信息技术手段，创新产业发展模式及商业模式，实现"互联网＋产业"发展，不断整合县域经济资源，形成电商农业、智慧工业以及县域信息服务业等新产业新业态发展格局，不断完善县域产业体系，既有助于满足县域居民对美好生活的需要，也有助于推进城乡要素的自由平等流动，从而加快城乡融合发展，推进新时代县域经济实现高质量发展。另一方面，培育县域经济发展新产业以及特色产业，要充分挖掘县域资源优势使之形成特色优势资源，在通过产业培育形成产业优势和经济优势，进而优化县域产业结构，提升县域经济发展质量。其一，要发展县域特色农业。通过特色农业产业培育及特色农业产业园区建设，进一步整合县域农业资源，提升农业发展质量和效益。其二，要发展县域特色工业。积极推进县域农产品加工业、县域林产品加工业以及县域特色工业园区建设，提升县域工业经济实力。其三，要发展县域特色旅游业。要结合县域旅游资源优势，培育和发展县域特色旅游，通过特色旅游业发展来实现对县域经济的转型升级，打造县域精品特色旅游产品和项目，吸引外部游客前来旅游消费，进而带动县域经济发展。据此，加快县域经济新旧动能转化，实现县域产业链条式抱团推进，为推进县域经济高质量发展提供新动能。

5.2　健全县域经济发展体制机制

第一，要健全县域经济绿色发展机制。随着我国社会经济发展进入新时代，尤其是在绿色发展理念引领下，县域经济发展迎来新的变化。要始终把绿色发展理念贯穿于县域经济发展的全过程，培育和打造县域经济绿色发展机制。一是要改变城乡居民的生活消费理念，提倡绿色生活、绿色消费，促进节约型、低碳型县域经济发展。二是要加快绿色技术的应用与推广，推进绿色技术、低碳技术等对传统产业和企业生产技术的升级和改造。三是要加强县域环境治理，做好县域经济绿色发展规划，提高县域经济的环境承载力。

第二，要健全城乡融合发展机制。一是创新城乡要素资源合理流动机制。要加快推进城乡要素资源由农村向城市的"单向"集聚转变为城市与农村的"双向"配置，从而实现城乡之间人才、技术、资金等要素资源的自由平等流动。二是创新城乡基本公共服务供给机制。一方面，要创新农村社区管理服务机制，为农村社区居民提供便民服务和打造新型农村社区，提升县域整体运行效率。另一方面，要创新农村社会事业服务机制，积极发展和引进教育产业，医疗产业以及环保产业等产业部门，为农村居民提供更优质的社会化服务，进而推进城乡基本公共服务均等化发展。基于此，健全城乡融合发展机制，推进县域经济高质量发展。

第三，构建县域经济发展的要素投入引进机制。要充分发挥市场、政府、社会、企业的功能与作用，以市场为主导，以政府为推手，以企业和社会为主力，切实推进县域经济发展的要素投入和引进，转变县域经济发展方式，实现县域经济健康持续有序发展，也为新时代县域经济实现高质量发展提供有力支持。

5.3　加强高素质人才队伍建设

新时代县域经济实现高质量发展必须要加强县域高素质人才队伍建设。首先，政府部门应该加强人才引进计划，积极引进科研机构、高校以及高职学校的高端人才和技能型人才，为县域经济发展注入新鲜血液，改变县域经济发展的人才结构，助推县域经济实现高质量发展。其次，县域地区的企业部门应该加快人才培养，加强人力资本投入，进而为企业发展提供后备人才队伍培养。要积极加强县域企业与高校进行人才培养项目合作，借助高校教育资源为县域企业培养专业型、技术型人才，从而为企业发展提供智力支撑，进而为县域经济发展提供助力。最后，要利用县域经济自身发展的优势吸引外部人才前来创业就业，从而促进县域经济高质量发展。

5.4 加快不同县域地区之间的对接和合作

新时代县域经济高质量发展应该坚持开放发展之理念，加强不同县域地区之间的对接和合作，形成县域对外开放新面貌和新格局，进而推进县域经济高质量发展。一方面，要加强不同县域地区之间的产业对接与合作。加强不同县域地区之间农业产业、工业产业以及服务业产业等部门的对接与合作，充分发挥各自比较优势，实现要素资源的跨地区跨部门配置，加快产业转移步伐，不断优化县域产业结构，完善县域产业体系，促进不同县域地区形成长效合作，进而助力县域经济高质量发展。另一方面，要加强不同县域地区之间企业的对接与合作。不同县域地区的企业部门应该根据各自利益诉求搭建企业合作平台，积极实现企业在技术领域、人才交流、产品配套等方面的合作和交流，提高企业竞争力，进而助推县域经济提档升级。据此，不断推进县域经济实现高质量发展。

随着我国进入新时代，社会主要矛盾的变化、县域经济结构转型、县域经济发展动力新旧转换，县域经济发展质量和效率变革等社会经济环境的变化对县域经济发展提出了更高的要求，也推动着县域经济不断转型升级并向高质量发展阶段转变。新时代县域经济实现高质量发展是一个长期系统工程，其发展具有重要战略意义，是实现乡村振兴的必然要求，是加快城乡全面融合发展的必然选择，是深入推进新型城镇化建设的必经之路，也有助于消除城乡绝对贫困，促进城乡均质发展。随着县域经济发展水平不断提升，县域公共服务水平持续增强以及城乡居民收入差距逐渐缩小对于解决城乡不平衡不充分问题，推进县域经济高质量发展提供了可行性。基于此，本文提出了新时代县域经济高质量发展的实现路径，即推进县域经济发展新旧动能转换，健全县域经济发展体制机制，加强高素质人才队伍建设，加快不同县域地区之间的对接和合作。据此，推进新时代县域经济高质量发展。

参考文献

［1］张里阳．培训机制建设对城乡一体化发展的推动作用——以县域经济发展为背景［J］．人民论坛，2015（35）：232 – 234．

［2］王静．陕西农产品外贸物流与县域经济发展联盟体系与机制［J］．西北农林科技大学学报（社会科学版），2018，18（2）：155 – 160．

［3］孙久文，夏添，李建成．全域城市化：发达地区实现城乡一体化的新模式［J］．吉林大学社会科学学报，2018，58（5）：71 – 80，205．

［4］卢刚．大城市周边镇域经济发展模式探究［J］．人民论坛，2016（19）：91 – 93．

［5］闫坤，鲍曙光．经济新常态下振兴县域经济的新思考［J］．华中师范大学学报（人文社会科学版），2018，57（2）：43 – 52．

［6］李庆珍．区域经济视角下云南县域经济发展研究［J］．经济问题探索，2017（5）：95 – 100．

［7］金碚．以创新思维推进区域经济高质量发展［J］．区域经济评论，2018（4）：39 – 42．

［8］赵霞，韩一军，姜楠．农村三产融合：内涵界定、现实意义及驱动因素分析［J］．农业经济问题，2017，38（4）：49 – 57，111．

［9］范轶芳，侯景新，孙月阳．"互联网＋"与县域经济互动发展的机理与模式创新［J］．求索，2017（5）：91 – 95．

中国区域科学协会生态文明研究
专业委员会简介

中国区域科学协会（The Regional Science Association of China，RSAC）是由北京大学杨开忠教授等发起，经国家教育部和民政部批准登记，是中国区域科学界第一个具有独立法人资格的国家级学术团体。协会于 1991 年 10 月正式成立，挂靠北京大学。

中国区域科学协会生态文明研究专业委员会于 2015 年 6 月 21 日正式成立，2017 年 4 月 29 日换届成立第二届专业委员会。生态文明研究专业委员会挂靠中国地质大学（武汉），其日常工作由湖北省区域创新能力监测与分析软科学研究基地［中国地质大学（武汉）区域经济与投资环境研究中心］负责。首届及第二届生态文明研究专业委员会主任为成金华教授，常务副主任为邓宏兵教授，秘书长为白永亮教授。挂靠单位中国地质大学（武汉）区域经济与投资研究中心成立于 2010 年，2014 年被批准为湖北省区域创新能力监测与分析软科学研究基地，基地（中心）主任为邓宏兵教授。

生态文明视角下的区域发展问题及区域发展中的生态文明问题为本专业委员会重点研究和关注的理论与实践问题，特别欢迎不同学科背景的研究者加入生态文明研究专业委员会。

专业委员会网站：www.cugqy.com

中国区域经济学会区域创新
专业委员会简介

中国区域经济学会是组织研究区域经济理论和实践问题的全国性学术团体，经民政部（民社批〔1990〕15号文）批准，具有全国性社会团体法人资格。学会正式成立于1990年2月。中国区域经济学会的宗旨是组织区域经济理论工作者，深入实际，开展调查研究、学术交流和战略咨询，为中央、各级地方政府和企业的决策服务；加强区域经济理论研究，结合我国具体实践，建立具有中国特色的区域经济科学体系；同时，为各级政府培养急需的经济管理人才、提高干部素质服务。

中国区域经济学会区域创新专业委员会于2017年4月29日正式成立。区域创新专业委员会挂靠中国地质大学（武汉），日常工作由湖北省区域创新能力监测与分析软科学研究基地〔中国地质大学（武汉）区域经济与投资环境研究中心〕负责。首届专业委员会主任为邓宏兵教授，秘书长为白永亮教授。挂靠单位中国地质大学（武汉）区域经济与投资研究中心成立于2010年，2014年被批准为湖北省区域创新能力监测与分析软科学研究基地，基地（中心）主任为邓宏兵教授。

区域创新专业委员会重点关注区域创新发展中的重大理论和实践问题，欢迎广大相关领域研究者加入本专业委员会。

专业委员会网站：www.cugqy.com